Higher Education Computer Science

A Manual of Practical Approaches

英国高等教育研究

——以计算机科学为例

珍妮 · 卡特（Jenny Carter）

[英] 迈克尔 · 奥格雷迪(Michael O' Grady) 著

克里夫 · 卢森(Clive Rosen)

郭庆军 许东升 王瑛 译

清华大学出版社

北 京

北京市版权局著作权合同登记号图字：01-2019-7176

First published in English under the title
Higher Education Computer Science：A Manual of Practical Approaches，First edition
by Jenny Carter，Michael O'Grady，Clive Rosen
Copyright © Springer Nature Switzerland AG 2018
This edition has been translated and published under licence from Springer Nature Switzerland AG.

本书封面贴有清华大学出版社防伪标签，无标签者不得销售。
版权所有，侵权必究。举报：010-62782989，beiqinquan@tup.tsinghua.edu.cn。

图书在版编目(CIP)数据

英国高等教育研究：以计算机科学为例/(英)珍妮·卡特(Jenny Carter)，(英)迈克尔·奥格雷迪(Michael O'Grady)，(英)克里夫·卢森(Clive Rosen)著；郭庆军，许东升，王瑛译. —北京：清华大学出版社，2022.1 (2022.10重印)
书名原文：Higher Education Computer Science-A Manual of Practical Approaches
ISBN 978-7-302-59252-5

Ⅰ.①英… Ⅱ.①珍… ②迈… ③克… ④郭… ⑤许… ⑥王… Ⅲ.①电子计算机—高等教育—教育研究—英国 Ⅳ.①TP3

中国版本图书馆 CIP 数据核字(2021)第 192574 号

责任编辑：袁勤勇
封面设计：常雪影
责任校对：焦丽丽
责任印制：沈 露

出版发行：清华大学出版社
网 址：http://www.tup.com.cn，http://www.wqbook.com
地 址：北京清华大学学研大厦 A 座　**邮 编**：100084
社 总 机：010-83470000　**邮 购**：010-62786544
投稿与读者服务：010-62776969，c-service@tup.tsinghua.edu.cn
质量反馈：010-62772015，zhiliang@tup.tsinghua.edu.cn
课件下载：http://www.tup.com.cn，010-83470236
印 装 者：三河市龙大印装有限公司
经 销：全国新华书店
开 本：185mm×260mm　**印 张**：11.25　**字 数**：273 千字
版 次：2022 年 3 月第 1 版　**印 次**：2022 年 10 月第 2 次印刷
定 价：58.00 元

产品编号：085220-01

译者序

“高等教育是一个国家发展水平和发展潜力的重要标志。”教育部高等教育司2020年工作要点中明确：把学习革命作为一种新的教育生产力，建立“互联网＋教学”“智能＋教学”新形态，促进学习方式变革，提高教学效率，激发教与学的活力。全面开展一流课程建设，树立课程建设新理念，形成多类型、多样化的教学内容与课程体系，深入推进“课堂革命”，促进学生主动学习、释放潜能、全面发展。推动课堂改革成为了教育者的心灵革命、观念革命、技术革命、行为革命。

改革是中国高等教育跻身世界一流的根本动力，也是今后建设教育强国、实现教育现代化的必经之路。当前，新工科持续推进，以互联网＋、大数据、人工智能等新一代信息技术为代表，高等教育面临新变化、新机遇、新挑战，我们应深入推进高等教育内涵式发展。英国的高等教育处于世界领先地位，其研究方法和实践案例对我国具有重要的参考价值和借鉴意义。

本书共有15章，即15篇探讨计算机高等教育的文章，从教学质量、学习环境、学习效果三大维度展开，包括课堂教学（以知促行）、实践教学（以行求知）和团队合作（知行相长）等内容，实践应用与理论总结并行。本书聚焦国际高等教育趋势，结合现代信息技术，营造泛在化学习环境，采用翻转课堂形式，借助慕课、在线课程等优质教育资源，把知识转化为教育教学内容。这样的教育模式有助于提升学生的自主学习能力和就业能力。

本书由西安工业大学郭庆军、北京体育大学许东升、西安工业大学王瑛、西安工业大学靳于谦、西安工业大学王跃、西安建筑科技大学李洪胜翻译完成。具体分工如下：郭庆军翻译前言、第11章，并负责前10章统稿；许东升翻译第15章（部分），并负责后5章统稿；王瑛翻译第1、2、3、5、12、13章；靳于谦翻译第4、6、7、8、9、10章；王跃翻译第14章；李洪胜翻译第15章（部分）。西安工业大学王中生、陈超波、惠燕在专业名词翻译方面提出了许多宝贵的建议，在此表示深深的感谢。在本书翻译过程中，硕士研究生李恒、黄盼盼、王艺洁、李欣、王锐、高娣、景银博、何笑做了大量基础工作，付出了辛勤的劳动。本书获得“西安工业大学专著出版基金”资助，还得到陕西省高等教育教学改革研究重点项目（19BZ016）、教育部新工科研究与实践项目（E-GKRWJC20202914）和西安工业大学教学改革重点项目（20JGZ008）的支持。

由于译者水平有限，翻译的疏漏之处和不准确之处在所难免，欢迎读者提出宝贵意见，以便译者后续对本书进行完善。

译　者
2021年6月

前言

自20世纪70年代以来，高等教育不断发生改变，这说起来像老生常谈。然而，当前发生的变化比以往更加深刻和广泛。所有的教育机构，无论是久负盛名的还是名不见经传的，都会受到其影响。对于一些享誉世界的名校来说，变革所带来的震撼是巨大的，也是前所未有的。那些以自身科研成果为荣的大学也开始重新审视自己的教学能力。教育界目前也面临学生更加多元化的挑战，高等教育需要重新考察自身在经济活动中所发挥的作用。

当然，这其中还有其他因素产生影响。随着学校之间(全球和国内)生源竞争的日益加剧，以及自身经济独立的要求，面临瞬息万变的就业市场，高等院校需要就学生教育投资回报，以及助力学生取得长足发展所需的长期技能等方面，重新审视其教育培养给学生带来的价值。信息获取形式的技术性变革，包括大学自身及其所授学科信息，正在推动学生形成新的消费观。高质量的慕课(MOOC)课程是免费的；即便没有慕课课程，维基百科也会提供便利的信息资讯；社交媒介几乎推动所有信息透明化……人们不禁问："大学还有什么用?"

鉴于上述社会变化，政府相关机构经过权衡之后，引入并坚持了大学问责制度。该制度最初在英国实行，是为了佐证大学研究经费支出的合理性。最近，"教学卓越框架"(Teaching Excellence Framework)试图建立大学教学质量的衡量标准。不过，这些针对大学研究与教育措施的有效性和可靠性均受到人们的质疑，但无论大学自身的学术信誉如何，"人们评估什么，我们就要改变什么"，这不言而喻的道理已经影响高校的各个部门。

与大多数学科领域相比，计算机科学及其相关学科更容易受这些方面的影响。由于就业市场发展趋势影响对毕业生的要求，计算机学科以行业为导向的特征引发了学生申请数量的大幅波动。计算机学科领域内的技术变革也引发了课程大纲的不稳定性。从最初对计算机以及编程的顶礼膜拜到如今否定其商品化(谁能告诉我们计算机和洗衣机之间的区别到底是什么)，结合对该学科复杂性以及从事计算机行业男女性别成见的认知，这些因素加剧了计算机学科受追捧程度的周期性趋势。

这些共性因素以及学科的无形性和知识的复杂性等特点，使得计算机科学(CS)及相关学科形成了很难讲授的局面，况且计算机学科生源众多，学生群体素质多样。大学前期教育对计算机学科知识覆盖面不足，导致大学初学者的相关知识水平呈现两极分化(Bipolar Distributions)的现象。现实世界的认知建构与计算机学科虚拟概念之间的差异造成学生知识上的错位，因此学生需要正确引导才能进步。

近年，一些教育工作者已经意识到这些问题，并尝试各种方法去解决。然而，最近政府教育监管部门对计算机学科的严格审查，意味着找到解决这些问题的方案迫在眉睫。本书正是基于这一点，通过汇集部分教师的尝试经验，以助力解决这些常见问题，这些也都是经验丰富的从业者为满足其学生需求而采用的实践方法。本书所有撰稿人的教学历程累加起来接近500年。我们不敢声称已找到解决方案,因为这不太可能发生。但是,本书集中呈现这些实践经验,希望能激发读者的灵感,挖掘读者的教学潜质,同时提高读者的实践能力。

本书共分三个部分:“学习方法”“实践案例”和“就业能力与团队工作”。“学习方法”部分基于个体教学经验,为课堂授课提供摆脱一线简单说教的思路。“实践案例”部分围绕计算机科学教学中一些特殊的领域:编程、信息系统管理和设计、针对不同层次学生群体的教学以及学生编程设计的自动评阅等问题。最后,“就业能力与团队工作”部分,顾名思义,为提升大学生实际就业能力提供新举措。

第一部分,Liz Coulter Smith 以课堂教学中“多任务”开篇,在某种程度上,似乎与本书的其他部分有些出入,但严格来讲,该课堂的实践并不局限于计算机专业的学生。不过,学习计算机科学的学生是最有可能进行多任务处理的学生群体之一。通过观察当代大学生成长过程中的文化形态和社会经验的变化,第1章为后续各章做好了铺垫。Diane Kitchin 编写的“主动学习”一章为我们应对这些变化、满足学生需求和期望提供了新方案;Michael O'Grady 所述的“翻转课堂”为我们新增了另一种选择。Jenny Carter 和 Francisco Chiclana 编写的“远程授课”,以及 Thomas Lancaster 编写的“学术诚信”这两章分别论述了由于技术革新影响课堂学习环境而引发的问题。

该部分的各章有一个共同的取向:以学生为中心,而不是以教师为中心。这些态度取向上的转变可能让某些未尽其责的教职员工很不舒服,但我们认为,保持与千禧一代的学生沟通,并促使他们有效地参与课堂教学,这一点至关重要,且必不可少。此外,只有提高学生参与的质量和数量,我们将来才会有更好的机会满足其他利益相关者以及学生的期望。

第二部分侧重教学,源于本书作者从事计算机教学所积累的丰富知识和经验。该部分阐述在计算机科学这个最抽象、最实用的学科中,我们如何才能更好地解决学生所面临的一些特定难题。Carlton McDonald 在“编程教学”一章分析了许多初学者在学习编程时遇到的困境,而 David Collins 利用图形的方法来成功克服这些困难。Steve Wade 也在论述初学者存在的类似困境,但侧重于信息系统管理;Carlo Fabricatore 和 Maria Ximena López 则着眼于系统设计。Arjab Singh Khuman 从更广泛的角度考察学生的课堂参与方式,而不是课堂内容(尽管两方面都涵盖了)。该部分的最后一章中,Luke Attwood 和 Jenny Carter 为评价编程任务的效果提供了一些见解。

第三部分提供了一些指导思路:如何在不影响学生学术水平的情况下提升其就业能力。Gary Allen 和 Mike Mavromihales 的“企业宣展”一章提供了一项提升学生就业能力的解决方案;而 Clive Rosen 推出了一个有关团队项目运行的决策框架,并提供了一些实用建议。Chris Procter 和 Vicki Harvey 认为,满足雇主的期望应与学生的学习过程相辅相成,而不是以牺牲其学习过程为代价。最后,Sue Beckingham 详细介绍了如何培养当今学生所需的“软技能”。

“师生关系是学生成功的基础”是本书的主旨。师生关系需要建立在相互尊重的基础之上。我们的目标是最大限度地发挥学生的潜能。我们提出的教学方法是潜移默化式的,不是说教式的;是支持性的,不是家长制的。这种教育方式未必适合所有的教学风格或所有的学生,但我们相信,传统师徒式的教育方式的转变对于满足当前和未来教育大环境的需求至关重要。

需要注意的一点是:学生未必会全身心投入自己的时间和精力去追求教育的成功,这可能是造成师生冲突的根源。然而,在这种教与学的"契约"框架中,教师必须致力于寻求最佳方法来促进学生的学习。即便学生没能履行其契约中的义务,我们也绝不能放弃这一点。希望本书能够为那些尽心尽责的教师提供绵薄之力。与你们同行!

再提两点:我们知道"教育学"(pedagogy)和"成人教育学"(andragogy)两个术语存在语义争议,但我们不愿干预概念的界定,在本书中,这两个术语可互换使用;同样地,术语"教学"(teaching)和"讲授"(lecturing),以及名词"教师"(instructor)和"促进者"(facilitaor)等,也可互换使用,用来表达激励学生学习之意。

我们衷心希望本书可以让读者开卷有益、博闻多识,而且阅读本书也会让读者怡情悦目,受益匪浅。

英国纽卡斯尔安德莱姆(Newcastle-under-Lyme, UK) Clive Rosen
英国哈德斯菲尔德(Huddersfifield, UK) Jenny Carter
英国哈德斯菲尔德(Huddersfifield, UK) Michael O'Grady

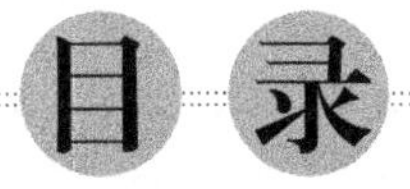

第一部分　学习方法

第三部分 就业能力与团队工作

第一部分

学 习 方 法

第 1 章 改变思路：课堂教学中的多任务处理

Liz Coulter-Smith

摘要：本章从多学科角度对多任务处理展开研究。虽然多任务处理的研究属于学术界的热门话题，但最新重大研究显示，鉴于学生认知的发展变化，人们并未充分考虑他们学习能力的变化。针对多任务处理对学生成绩产生的负面影响，虽然人们已进行过系统研究，但利用神经科学佐证其具有良性作用的关联研究还有待深入。本章综述了相关研究，其中包括信息觅食理论、认知控制和认知偏差理论，这些研究诠释了高校“Z 世代”执行多任务处理的行为。此外，本章讨论一些重要研究成果，如在课堂使用笔记本或类似设备完成多任务处理的情况。最后，文章的小型调查有力地支持这些讨论，强调了学生层面对课堂执行多任务处理起到的重要作用。

关键词：多任务处理；认知；信息觅食理论；学习成绩

1.1 引言

一心多用是大多数人的天性，这也是我们所说的多任务处理。每当人们执行一项新的任务时，总会引起大脑的兴奋，这是由于人体内释放了多巴胺(Strayer 和 Watson，2012)，从这一点可以说明，多任务处理是人类的本能。从最近科学技术发展进程来看，人类不仅是觅食者，更是多种信息的搜寻者和消费者(Pirolli 和 Card，1995)。

多任务处理指同时处理两个或多个媒介来源的信息，它与任务切换稍有不同，后者强调的是在两个任务之间转移注意力。多任务处理与任务切换密切相关，但出于研究目的，我们将多任务处理(亦称媒介多任务处理)定义为：至少使用一台设备，而该设备同时执行两个或多个不同性能、相互独立的任务，每个任务均有独特目标，目标包括不同的刺激(或不同的刺激属性)、心理变化和反应行为(Sanbonmatsu 等，2013)。

在大学期间，使用各种设备进行多任务处理是一个普遍现象(Junco，2012)。四分之三的学生认为科技改变了他们受教育的模式。随着笔记本和智能手机的普及，自 2015 年以来，已有九成以上的学生同时拥有这两种学习工具[①](Statista，2017)。通过对 18～22 岁受访群体进行调查，约 44%的受访者至少每过 10 分钟会使用一次手机或计算机类媒体设备(VitalSource，2015)。正是这些因素影响着学生的兴趣点和注意力，从某种程度上影响了学生的学习成绩。为此，如何更有效地影响受教育者集中精力完成学业，是教育工作者要认

---

① 2011 年至 2017 年，英国智能手机的使用量翻了一番，从 2160 万部增至 4490 万部。

真思考的问题,解决方案将有助于提升教育水平。

本章探讨了为什么学生会被迫处理多任务,特别是围绕信息密集型任务。本研究的重点是在大学新生的课堂实行多任务处理,同时也试图了解当前高等教育中计算机教学涉及多任务处理的注意力和分心程度的争论。接着,本章深入研究了神经科学领域的一些最新动态,以便更有效地理解多任务处理背后的复杂关系。总之,本章通过多学科研究视角,展开对多任务处理的广泛讨论。本章结尾介绍了对计算机专业大一新生展开的测试,收集到的第一手数据为本章论点提供了有力证据。

1.2 信息觅食理论与多任务处理

首先需要明白,为什么人们会有一心多用的冲动?又是什么驱使人类有了这种冲动?一种颇受关注的理论有助于人们理解在执行信息密集型任务时,多任务处理加工的内在驱动力。从行为学角度理解这一问题至关重要,因为课堂的教学环境,以及学生已经掌握日益复杂的社交和技术工具。信息觅食理论(Information Foraging Theory,IFT)是在帕洛阿尔托研究中心(Palo Alto Research Center,PARC)创立并发展起来的,是为用户界面研究领域开发的项目模型,该理论为搜索和浏览信息提供了新颖的信息可视化模型(Pirolli 和 Card,1995)。IFT 理论在某种程度上解释了人类积累信息的内驱力,对学生可获得的信息量,多任务处理和任务切换的驱动力等方面的解释显得尤为重要。PARC 的 IFT 研究团队主要聘用商务智能和 MBA 领域的专业人才,该团队很快意识到,在不确定情况下处理信息庞杂、时间受限的任务和复杂的搜索决策时,需要了解任务的深度和多样性。他们很早就意识到了他们所处理的任务不同于 20 世纪 90 年代认知工程模型衍生的标准人机交互任务。相对而言,他们意识到人们搜寻信息的行为在很大程度上取决于该内容的体系结构,即信息环境。很显然,用户界面知识对参与者的行为影响最小。然而,一个令人感兴趣的问题是,这种早期模型是如何映射到课堂和学习环境中的。Pirolli 还发现课堂行为往往由不确定性和持续性评估等作用支配,这是学习新技能或概念时的一个常见属性。IFT 理论是从最佳觅食理论(OFT)发展而来的(Krebs,1977)。很大程度上,OFT 理论起源于自然选择理论,由捕食者决策规则的预测模型发展而来,侧重于觅食过程中最大程度地提高食物摄入量(MacArthur 和 Pianka,1966)。通常,IFT 理论断言:进化使人类可以利用信息解决那些对我们生存环境构成威胁的问题。人们进化并适应搜寻多种信息,而非仅仅是寻找食物。IFT 理论还认为,对于生存这个主题,人们已经在认知上达成了共识。人类对于生存的技术需要建立在人类与信息技术互动的基础上,万维网已经证明这一点(Pirolli 和 Card,1995)。在 Pirolli 和 Card 的论文中记载了最早关于多任务处理的讨论,其中多是借鉴生物学知识。12 年后,Pirolli 撰写了一部非常经典的著作《信息觅食理论》(Pirolli,2007)。最近,另一部重量级著作《分心的大脑》(Gazzaley 和 Rosen,2016)从神经科学的视角丰富信息觅食理论。这两本书将信息搜寻和神经科学结合在一起,一定程度上为试图解释人类多任务驱动现象的研究人员搭建了合理的桥梁。如果将这两部著作视为对多任务处理进一步探索的框架或模型,那么多任务处理的前景将比以往所发表的论著更为积极,因为人们可以将多任务视为当今时代人类自然进化和适应能力的一部分,包括收集和理解庞杂信息和数据的能力。

1.3　跨学科的多任务处理

显然，很有必要将本章内容拓展到教育以外的领域，同时要兼顾神经学科和认识学科的发展。人类已通过多种方式对媒介多任务处理及其效果作了详细研究。大脑如何同时执行多任务的问题是心理学和神经科学领域最古老和最经典的问题之一（Verghese 等，2016）。

2009 年，斯坦福大学行为科学高级研究中心举办了由神经科学、儿童认知发展、认知科学、通信、教育和商业决策等领域学者参加的行为学高级研究峰会（CASBS），讨论了多任务处理对学习和个体发展的影响。与会人员一致认为，多任务处理已经成为一个亟待解决的普遍问题，这个问题已引起家长、教育者、雇主、员工、营销人员乃至整个社会的重视。斯坦福大学的传播学教授 Clifford Nass 指出，“如果提到多任务处理，一些人会为之疯狂，因为这就是他们想谈论的一切”，他将多任务处理的现象描述为“对人类认知的挑战”（Ophir 等，2009）。

1.3.1　多任务处理和大脑

为了更好地理解多任务处理与注意力集中的关系，本章对神经科学和机械感官运动进行了一些有益的探索，并注意到了在多任务处理过程中，人类大脑注意力神经网络是切换任务能力的基础，最近的神经成像显示，任务中的任何细微变化都会激活脑部神经中小脑的两个区域，即感官区域和运动信号区域（Rothbart 和 Posner，2015，P3）。实际上，小脑是人们学习新运动技能的内动力，也就是说，小脑具有可塑性[①]，它允许神经元以动态方式相互交流（Hatten 和 Lisberger，2013）。一般情况下，在仅执行一项任务时，人的大脑的机械部位和感觉中枢部位同时运行。但当引入多个任务时，大脑的机械部位和感觉中枢的沟通就会出现部分中断，从而导致严重后果，例如，驾驶的同时发短信就是很好的例子（Kramer 等，2007）。同样，大多数人都有过“自动驾驶”的经历，这里的“自动驾驶”指的是从一个目的地驾车到另一个目的地，却无法完全回忆起途中的经历。这种现象之所以会发生，是因为人们在驾驶的机械（运动）过程中很可能在思考其他事情，而驾驶的机械动作已存储在人们的潜意识中。而此时，若人们再去执行另外一种机械运动过程，如接打电话，触碰屏幕，或编写短信等，很有可能发生灾难性事故。据 2016 年美国高速公路交通安全管理局和交通运输部公布的信息，在美国有近 50 万人驾驶汽车时因使用手机发短信而受伤或丧生（Highway Traffic Safety Administration and Department of Transportation，2016）。

1.3.2　行动导向学习

课堂的学习环境虽不会引起像上述车祸那样的灾难性后果，但其脑区感官机能和机械活动等方面是相似的。对于授课教师来讲，学生注意力不集中是正常现象，学生意识不到他们漏掉了很多重要的知识内容。近期有关神经可塑性与学习的研究表明，简单的身体运动可能会以未知的方式激活大脑中的海马体（Cassilhas 等，2016）。这项发现对基于行动的学

---

① 关于成人认知可塑性的进一步解释，请参见本章最后的参考文献（Lövdén 等，2010）。

习(ABL)尤为重要,因为运动支持大脑连接为学习做好辅助。ABL 与动作技能的肌肉活动联系在一起,是一种激活大脑的学习过程或方式。这种方法非常适合需要更多刺激的学习者,但据人们观察,在针对注意力分散或过度多任务的课堂题中,ABL 很少被视为潜在的或备选的解决方案(第 2 章提到的部分教学内容缩减的问题)。

课堂上人们可使用 ABL 等方法转移学生注意力或重新规划学习内容,帮助学生管理或解决多任务循环的难题。ABL 要求对课程的设计和执行方式进行实质性改变,因为现阶段大多数课程都是长篇大论的模式,很难促进学生的学习,这也是 ABL 作为首选方案脱颖而出的原因。

1.3.3 无聊的"Z 世代"

近几年我们看到,2000 年后出生的第一批学生已经进入高等教育阶段,这一代(人即"Z 世代")出生在互联网世界的新纪元,伴随着智能手机一起成长,并且有可能在过去十年里频繁使用多种社交网络。相对于面对面交流,这一代人更喜欢社交媒体的交流。对于"Z 世代"[①]来说,等待并非明智的选择,他们习惯拿出智能手机或电子设备快速摆脱单调、无聊的状态。自从智能手机问世,在商店排队或等车不再会让他们感到无聊。人们可以利用等待的时间阅读新闻,浏览社交网站和电子邮件。"X 世代"(在美国指 1965—1980 年出生的一代人)和"Z 世代"善于利用现代技术"个性化一切",他们技术娴熟,也更喜欢使用网络应用程序和电子邮件(Reisenwitz 和 Iyer,2009)。

如果学生精力充沛,并努力实现目标或积极寻求解决问题的方案,他们一般不太可能在学习过程中停下来玩手机或浏览脸书(Facebook),也就是说,他们不太可能因为无聊而中断目标进程,这是合乎逻辑的。而"Z 世代"很容易感到无聊,解决这一问题的良药是登录社交媒体,这样会使他们的大脑分泌更多的多巴胺,使他们更活跃。从生理角度来讲,这一代人已经习惯了以这种方式进行多任务处理,就像人们可能会从美食中获得类似的满足感一样。

1.3.4 认知系统与控制

认知控制及其功能是多任务处理的核心概念。虽然本章中不对这些内容作深入探讨,但一些基本概念值得深思。Gazzaley 将干扰因素分为内部和外部两种,参见图 1.1(Gazzaley 和 Rosen,2016)。无论是人们内部自发还是外部驱使,分散和打断人们注意力的事物都是干扰因素。作为一个极其复杂的信息处理系统,大脑会对行为进行结构性优化。同理,在图 1.1 中,Gazzaley 展示了当人们试图达成目标时,目标是如何与内部和外部干扰因素相抗衡的。

无论学生精力是否集中,他们都会尽最大努力借助自我管理完成学业,而仅有这些并不全面。可以说,相比十年前,他们生活在更容易分散注意力的环境中。这就需要教师帮助学生理解有关多任务处理的概念并通过这些概念优化学生的成绩。当然,个人的经验对目标干扰的管理可能会因为无数的变量而大不相同。教师需要认可当前的研究成果,并积极调

① 我们调查发现 55%的学生因为无聊而一心多用。62%的人认为,在正式讲座中,教师对着幻灯片照本宣科是他们一心多用的另一个原因。

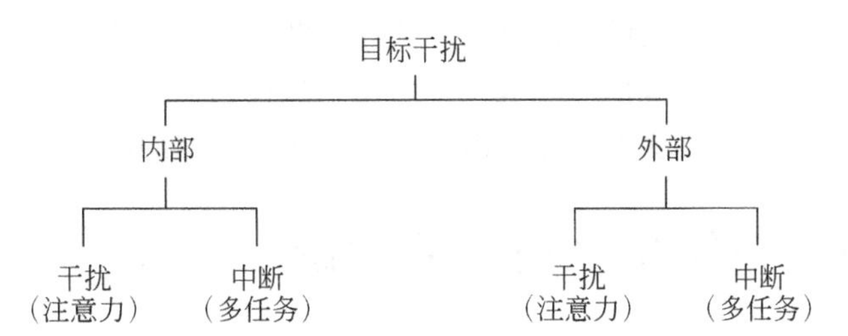

图 1.1　Gazzaley 的目标干扰概念框架（Mishra 等，2013），改编自 Clapp 和 Gazzaley（2012 年）

整已有的教学方法，接受而不是否定技术变革，这样的变革可通过课堂中学生的表现得以佐证。

1.3.5　确认偏误和超级任务处理者

通过对大学一年级学生的调查，我们发现了一个有趣的现象，证实了确认偏差与多任务处理共同发挥作用。在过去的两年里，越来越多的学生自认为他们是超级任务处理者，他们通常能够借助自认为高效的设备快速转移注意力，其他学生也将这种行为方式作为备受追捧的技能。学生经常使用键盘互动，对屏幕信息做出快速反应。关于超任务现象，人们已开展诸多研究（Watson 和 Strayer，2010；Nicholas，2010），然而，目前的实验研究断言，多任务处理会影响任务效率（Dux 等，2009；Garner 和 Dux，2015），因为反应快速和任务切换的流畅性不一定转化为应用能力和学习新技能的能力。更棘手的问题是，在某种意义上，当学生已对反应快速和自由访问产生狂热崇拜时，教师应如何帮助他们意识到这种盲目崇拜的偏误。此外，对大脑的研究表明（Watson 和 Strayer，2010；Strayer 和 Watson，2012），最多只有 2%的人能够执行多任务处理或者同时高效地完成多件事情。然而，学生似乎相信多任务处理是一项令人向往的技能，并经常在编程工作中推广这项技能。另外，学生在课堂上看到其他行为类似的同学时，开始逐渐相信同时做多件事情是再正常不过的，这种理念进一步加剧了问题的严重性[①]。

1.3.6　学术写作：任重道远

对学生来说，写作是一项高阶的重要技能，而且掌握的难度较大。论文工坊（即论文代写）的兴起与学生撰写长篇的学术论文有关。如前文所述，由于当今许多大学生们处理多任务加工的深度不够，当撰写有一定长度的论文时，这种多任务加工的学习体验会造成学生学习压力和焦虑水平的增加，那么这势必会妨碍他们创造性解决问题的能力（Firat，2013）。人们发现，现在几乎没有学生能胜任需要一般性注意力的工作（Loh 和 Kanai 2015；Nicholas，2010），这使得他们无法应对需要极高认知能力和极强专注力的艰苦工作。相对于学生大部分时间在学校内外所从事的工作，学术写作不仅需要集中注意力，也是一项需要深刻思考和更高认知能力的艰巨任务。这些问题在学业快结束时显得尤为明显，因为论文是一部需要长时间加工的作品，而学生似乎对这一挑战毫无准备，这时论文代写的业务应运

① 搜索包含单词“多任务处理或一心多用”的网站（indeed.com）和“一心多用”的网站（indeed.co.uk），结果显示美国有 73 300 个，英国有 6760 个，数据的差异可能意味着教育和就业重点的不同，也可能是人口差异的反映。

而生。因此，教师需要为学生提供更富有建设性的帮助和工作。从脑功能、神经功能到意识不足以及有效管理分心的能力，很可能这一系列变量都在起作用。更重要的是，海量社交媒体的使用、管理能力不足和注意力欠佳等因素亦是造成该问题的原因。

1.4 讲课中禁止使用笔记本的讨论

从逐渐加深了解学生执行多任务处理的原因及大脑功能开始，人们可以进一步探索这些因素对课堂的影响。与课堂上多任务处理相关的一个突出因素是社交媒体的使用。2005 年出现了脸书(Facebook)和“我的空间”(MySpace)，2006 年推特(Twitter)和 YouTube 紧随其后。智能手机发布后，特别是 2007 年苹果手机、2008 年安卓操作系统上市之后，社交媒体出现了指数级发展。随后，仅用了几年时间，移动计算出现在教室里，超过半数的学生拥有移动设备。2010 年，只有少数学生拥有智能手机，但 2013 年左右，智能手机的增长非常明显，以注意力不集中为主的新问题变得司空见惯。截至 2015 年，教室里几乎每个学生都拥有智能手机，而且常常不止一部。这种快速发展的步伐给高等教育系统带来了压力，也给教师调整教学方法以适用这些快捷变化的能力带来了重压，加之社交媒体的使用呈指数级增长，这终将掀起一场完美的变革风暴。

截至 2016 年秋季，对 1000 多万美国大学新生的调查显示，他们平均每周使用社交媒体的时间超过 6 小时，相比 2011 年、2014 年分别增长了 40.9%和 27.2%(Eagan 等，2017)。2016 年作为美国的选举年，可能会对该数据产生一些影响。然而，如果社交媒体继续以这样的速度增长，课堂上可能会发生什么变化？学生中使用社交网站(SNSs)人数的增多是否会加剧课堂上学生注意力的分散？如果是，教师将如何调整他们的教学方法？因此，在这种不断变化的环境中，制定改善学生课堂参与度的策略，并将认知和信息系统模型视为这一发展的组成部分，这一点至关重要。

随着全球教师尝试各种方法来控制这些新变化，人们看到了两种不同的反应，有的非常极端，有的轻描淡写，从一个侧面显示出了对人际交互以及人机交互碰撞冲突的适度理解。例如，Seth Godin① 对密歇根大学教授 Susan Dynarski 的观点持反对意见。Susan Dynarski 在《纽约时报》上发表一篇专栏评论，声称她禁止学生在她的课堂中使用笔记本式计算机(Dynarski，2017)。而 Seth Godin 认为 Susan Dynarski 完全没有抓住重点。根据 Seth Godin 的说法，Susan Dynarski 把责任推到了错误的地方，他(她)要求学生放慢任务执行速度，除了以同样速度记笔记之外，还要专心听讲。Seth Godin 指出，人们很难预料近年来的技术变化，而且将责任归咎于大学无法迅速适应，这是不合理的。Seth Godin 说，“解决学生精神不集中(分神)的办法不是禁止笔记本进入课堂，而是禁止课堂授课”(Godin，2017)。他还认为讲座内容应该以数字化方式记录下来，以便学生随时随地进行复习。然而这个问题并不需要大学机构取消教室，在两个极端范围内取舍是值得商榷的。采用 5～7 分钟的简短课程形式，随后搭配与讲授内容相关的课堂活动，这样的形式可能更具激励性和吸引力。传统的 45～60 分钟的讲课模式目前仍然是常态，但是鉴于不断变化的环境，这种授课形式注定是不可持续的。许多人反对禁止使用笔记本，尤其是质疑这样的禁令是否符合开放的

---

① Seth Godin 是一位著名的企业家、畅销书作家、作家、市场营销者和影响力博主。

教育精神，以及如何落实这种禁令的问题。如果禁止，那么是否存在对残疾学生的潜在歧视，换言之，如果允许一些学生使用笔记本来弥补自身残缺，则造成了对正常学生的不公。此外，对于“Z 世代”来讲，笔记本或智能手机可能是课堂笔记和即时查找课外信息的最快捷方式。但有些研究表明，与没有笔记本的同学相比，在课堂上使用笔记本执行多任务处理的学生表现更差(Sana 等，2013)。

然而，人们不禁要问，如果学生对怎样高效做笔记有更多的建议，那么这项研究是否依然有效？20 世纪 90 年代中期，电子邮件使用的早期经历了一个非常曲折的学习过程，与我们现在所拥有的诸多技术和应用程序相比似乎是一个愚蠢的例子，但我们都在努力学习如何管理电子邮件。学者和研究人员滥用多媒体设备，同时抱怨额外的工作量，所以人们不得不考虑，学生同样不知道如何优化管理设备以提高它们的使用效率。萨那(Sana)的上述研究仅对 40 名被试者进行了调查。有限的样本需要进行更全面的研究，该研究还考虑到将干预法作为对照组，然后将数据与瑞尔森大学的研究进行类比(Tassone 等，2017)。

关于笔记的研究可以追溯到 20 世纪 60 年代，当时人们就如何做笔记以及何时聆听课堂内容进行了大量的辩论(Eisner 和 Rohd，1959)。值得简要了解的是对笔记如何融入多任务处理行为的讨论。许多研究人员认为，与长时间手写记笔记的人相比，那些在笔记本上记笔记的人表现更差(Mueller 和 Oppenheimer，2014；Bellur 等，2015；Fried，2008)。问题不在于是否遵守该技术规范或规定，更确切地说，是需要帮助学生管理好这些起相互作用的课堂行为或事件。通常，大多数研究倾向于在课堂上采纳基于规则或纪律至上(基于学科)的解决方案，这或多或少是对学生使用先进技术或社交媒体网络吹毛求疵，而默认主张学生应该遵循“正确的规则……并执行这些规章制度”(Anshari 等，2017)。这种方法只是描述了该问题，但忽略了一些重要内容的考量，即对环境敏感的协调机制模型、不断变化的认知条件以及那些持久塑造人类的行为，并影响人类进化的自我系统设计等。

1.5　手机依赖症

对智能手机的依赖和学生成绩形成了另一些与多任务处理相关的变量。在过去十年间有关该课题的大量研究(Samaha 和 Hawi，2016；Junco，2012)都有详细的文献记载。在一堂课的正式部分，学生需要关闭其显示器和电子设备，或从之上挪开视线，这使得他们处于不适的状态。这里会涉及很多问题，首先，19 岁的学生平均每 10 分钟浏览一次手机，这是因为他们已经习惯了大量的视觉活动和刺激。其次，大多数学生拥有智能手机至少 5 年，现代技术已经成为他们日常生活中不可分割的一部分。智能手机已成为即时满足的对象，一种快速治愈无聊的消遣，并在神经学上改变了用户的大脑和随之而来的行为，通常也会导致成瘾(Terry 等，2016)。如今我们可以证实，随着智能手机和移动计算设备一起成长(Loh 和 Kanai，2015)，它们已经改变了学生的大脑。

如果我们能接受这一点，那么本章中讨论的许多内容就变得有意义、有价值。试想学生在普通大学课堂里的经历：教师读着幻灯片上的内容，学生长时间坐在那里，这种画面无疑令人沮丧，而这种做法在美国和英国的许多课堂里依然在上演。这种传授方式很可能使学生无法参与到学习当中，除非先做 5～7 分钟简短的、有针对性的课堂呈现，随后布置一些巩固知识的课堂活动，才能使学生取得特定的效果。所以，目前的问题不单是学生的问题，更重要的是教师没能创造机会让学生参与到课堂教育教学中。

1.6 问卷调查

在2017年3月21日～31日期间，60名大学生作为一个小组接受了一项多任务调查，他们参加了一年级核心网络开发模块的学习。要求学生在正式课堂教学中描述他们执行多任务处理的习惯，而这项研究旨在发现人们对多任务处理的看法。

该问卷对前22个问题采用了李克特量表。第23个问题是询问他们是否愿意分享自己的想法。李克特量表有助于佐证高百分比的中立性答案是否可能与宽泛问题(或表述含糊)存在某些关联(这些结果的细节尚未包括在内)。得到最高中立答案的问题是"我认为在课堂上执行多项任务处理是一件明智的事情"，选择中间选项的比例达42%。

1.6.1 内在问题

问卷设计了4个相似的问题是有原因的，这些都是关于参与者是否会改变对多任务处理看法的问题。有60%的被试者愿意去改变对多任务处理的想法，前提是人们能向他们证明多任务处理可以满足以下几个条件：降低或提高他们的学习成绩(66%)，损害他们的学习(60%)或改善他们的学习(48%)。55%的人认为他们还可以执行更多的任务，而43%的人认为多任务处理可以提高他们学习的效率。

1.6.2 外在问题

仅有58%的学生说他们在正常上课中使用一种或多种设备进行多任务处理，这与其他研究结果基本一致，而造成这种境况的原因可能是他们觉得自己可以多完成55%的任务量。62%的学生是因为教师照本宣科，只会读幻灯片，55%的学生承认课堂无聊。从某种程度来讲，这是令人鼓舞的消息，因为教学方法的改变可能会促进学生的积极性，使他们进行参与性学习。而对教师这种多任务工作感到压力的学生为0。

1.6.3 就业能力

在2012年的CASBS峰会上，Clifford Nass表示："公司现在制定了迫使员工不得不承担多项任务的政策。"在我们的研究中，只有11.7%的人认为掌握多任务处理可以提高他们的就业能力。该结果显示了一个提升学生就业意识的机会。令人奇怪的是，40%的受访者认为多任务处理是一项必不可少的技能。软件开发的工作岗位出现了越来越频繁的"多任务工作"状态。这个问答很有趣，尽管有证据表明雇主往往更需要具备多任务处理技能的员工。在这方面，美国和英国的侧重点有所不同。奇怪的是，受访者并不认同诸多研究中的论点，即多任务处理是可以左右就业能力的因素(Burak，2012；Crenshaw，2008)。

调查显示，英国计算机科学专业的学生对课堂教学中的多任务处理的看法不尽相同，有积极的也有消极的。不过有一条评论没有理解调查的意义，也不清楚他们的观点为何有趣。这条评论表示学生需要更多有关多任务处理的信息，以便执行持续且专注的多任务信息觅食行为。同样地，教师或许应该改变教学方法，以适应这些变化的学生群体。学生似乎想了解多任务的事实真相，因为学生认定的事情与对他们学习以及职业生涯有益的东西之间似乎存在一些偏差。

1.7　结论

本章阐述了教师作为课堂协调员在当下以及未来所面临挑战的广度和深度。随着科学技术的进一步发展，以及人们对新的科技的不断探索，"Z世代"认知的变化已变得越来越明显。早期研究表明，我们需要将多任务处理的问题拓展到教育领域以外的范畴，因此需要了解认知神经科学和认知心理学的最新进展。同样清楚的是，人们通过多种方式对媒介的多任务处理及其效果进行了详尽的研究，"大脑如何同时承担多项任务的问题是心理学和神经科学中最古老的问题之一"(Verghese等，2016)。正如Susan Greenfield所言，"大脑具有很好的适应性"(Greenfield，2015)，而且对脑科学进一步的研究可能会增强人们信息觅食的持续适应性。随着人类的进步，我们当中可能还会有更多的超级任务处理者(Strayer和Watson，2012)。电子游戏就说明了这一点，并且已经证实多任务处理对于年长的参与者尤其有益(Mishra等，2016)。这些发现表明，多任务处理并非如某些研究人员所说的一无是处(Bellur等，2015)。世界在变化，观念在更新，所有这些都将继续考验教育工作者，当学生管理自己的学习、职业以及生活时，需要对其进行具体、有针对性的指导，明晰多任务处理的风险与收益。我们可以得出一个肯定性的结论，多任务工作是很普遍的状态，并将持续下去。人们可以对它有不同的看法和思路，而顺应社会发展趋势似乎是更有成效的方法。如何更好地将这种不断变化的学习环境融入我们的教学当中，是我们需要长期思考的问题。

参考文献

第1章.docx

第 2 章

大班课堂中的主动学习

Diane Kitchin

摘要：面对日益多样化的学生群体，教师不仅需要采用卓越教育的方法，还要设法提高学生的成绩。主动学习的方法已经引起教育学家的关注和讨论。本章详细探讨这种教学方法的困境与挑战，并针对大学一年级大班课堂有效的教学手段提出了实用性教学指南。

关键词：主动学习；大班课堂；计算机教育；建构主义

2.1 引言

近年，高等教育的变革使得想要上大学的人数增多，因此学生群体也变得更加多样化。这就需要帮助学生完成从高中到大学的平稳过渡，并使学生适应不同的环境、授课方式和多方面的期望。随着不同院校之间学生竞争的加剧，以及对教学卓越框架（Teaching Excellence Framework，TEF）的新诉求，人们对教师的期待与日俱增，不仅要确保学生能够通过该模块的教学，而且还要保证成绩优良。高校将卓越高效的教学手段视为吸引学生学习课程的关键因素。哈德斯菲尔德大学在其"关于我们"的学校简介中，面向新生和未来的学生展示了 6 项卓越的因素，其中 4 项都提到了教学质量（University of Huddersfield，2018）。英国高等教育学会（Higher Education Academy，HEA）在审查院校提交的书面报告时，"主动学习的教学方法"已被纳入审核是否达到教学卓越框架（TEF）标准的核心议题，作为支撑学校教学质量、学习环境、学生学习成绩的评定标准。在 HEA 关于 TEF2 的报告中，作者指出"对于一个评为优秀等级的大学来说，课程设计是一项普遍实行的要求……评定内容中提到的特色包括：……使用主动学习……"（Moore 等，2017）。

开展主动学习面临的问题在于组内人数较多，尤其是大学一年级的教学，课堂上可能有 150 名甚至更多学生。在哈德斯菲尔德大学，学生群体十分多样化，这也催生了学生互相支持的学习计划，其数量在不断增增长，水平也逐渐提升；学校提供的学习活动在种类上有所转变，出现了更多的工作室、项目和小组式学习模式。近年来，人们对主动学习展开广泛讨论，在学习方法的研究上也倡导一种以学生为中心的教学理念。

本章将重点介绍一些实用技巧，尤其是在大班课堂中如何克服教学困境、迎接挑战，并营造积极主动的学习环境。其余部分的结构如下：2.2 节详细地讨论主动学习的挑战和动机；2.3 节描述主动学习并回顾相关文献；2.4 节描述在大型计算科学和数学课堂中用于主动学习方式的具体实用技巧；2.5 节总结了这些方法的使用效果，并展望未来发展的方向；2.6 节总结本章内容并得出结论。

2.2　挑战和动机

本章讨论的特定情境是向大学一年级学生提供“计算机科学和数学”教学模块。这是一个长期运作的模块，是以某种形式存在了多年的课程，并且距作者讲授该课程已经过了近10 年，其涵盖了集合论、图和树、命题逻辑、排序算法、有限状态自动机、语法和语言、正规表达式、二叉树搜索和树遍历算法等主题，选课的通常是 100～170 名庞大的学生群体，这不可避免地造成了每组学生参差不齐的学习水平。一些学生在两年前甚至更早的时间参加完GCSE（英国普通中等教育证书考试）后再也没有接触过数学，其水平可能只有中等。有些能力强的学生已经修完 A-level 数学或计算机课程，或者两者兼而有之，因此他们可能已了解了大学课程中的一些教学内容。也会有一小部分大龄学生，他们离开学校多年，很可能对这门课感到焦虑不安。还有一些国际生，他们的教育经历相差很大，其中一些国际生以前可能也学习过类似的知识，而另一些可能没有。教育背景复杂、能力参差不齐的学生群体会给教学带来困境与挑战。我们怎样做才能使某一内容熟悉的学生仍保持注意力，并且给他们带来新的挑战，同时又让那些自认为学习内容难以理解，甚至令人畏惧的学生不再感到不知所措和疏离呢？

要理解这样的学生群体，会存在许多障碍。学生的文化背景和生活经历千差万别，因此作者始终谨记，并非所有的示例都适合此类庞杂的学生受众。例如，有一次给学生基础参差不齐的班级讲授 Java 课，用遗产继承举例时，作者用了一个看似简单的银行账户例子。当时令人感到困惑的是，班级中的一名国际生很难理解这些知识。事实证明，这是因为他不熟悉“活期账户”“储蓄账户”等术语的含义，而不是编程语言的概念。还有可能教师只是指导学生去接受和学习课上所讲的内容，而没有鼓励学生主动提问。此外，许多学生认为数学很难甚至根本无法掌握，而且往往认识不到他们在学校学习的基础数学和与计算相关的离散数学之间的差别。面对如此庞大而多元的班级群体，重要的是要保持所有学生的兴趣和参与度，并确保教材不会对学习造成不必要的障碍，更不会排斥任何学生。这里即使是很小的差错也会产生重大的影响，例如在示例中不能专选男性或英国白人的名字。因此，如果所有的例子都遵循类似的模式，那么一组学生简单集合论的例子＝{Bob，Tom，Harry}，可能会让学生感到反感。

2.3　主动学习

在过去，传统的课堂通常仅被视为一种向学生传递大量信息的工具。学生很大程度上是被动的，只是听课和记笔记，也许偶尔会提问或回答问题。研究表明，学生对课堂的注意力每隔 10～20 分钟就会开始减少。这种传统教学方法受到教育学家和研究者的质疑，同时建构主义（Bruner，1960；Piaget，1950）等理论开始提倡主动学习。

建构主义理论将学习视为一个积极主动的过程，在这个过程中学生通过建构并应用头脑中已有的知识或知识结构，即“图解”，来拓展并深化他们的理解。知识不是孤立存在的，它需要一个与我们熟悉的事物产生联系的情境，所以当我们学习时，不仅增添了新的信息，还必须对其进行理解并且赋予其与现有知识相关的意义信息，“因此，学习是个体在理解方面发生转化和改变的一个积极主动的过程”(Fry 等,2015)。接受这一理论意味着改变教学的思考方式和讲授方法。建构主义者认为,教师必须鼓励一种设定学习情境和期望的深度学习方式。此外,一些研究者强调学习成果的重要性,认为专业系列课程应与教学环境和教学评估进行建设性整合(Biggs 和 Tang,2009),让学生了解并领会这些学习成果。

现在的问题是,主动学习到底是什么。关于这个问题,文献中有诸多定义。“主动学习”一词源于 Revans(1971)的著作。Prince(2004)提供了一个简单实用的注解,定义了主动学习的核心要素是将活动引入传统课堂并促进学生的参与。

Bonwell 和 Eison(1991)将主动学习定义为让学生“做中学、做中思”的教学活动。根据 Weltman(2007)的研究,这些活动范围包括从主动性极高的活动,到做一些事情,如亲身参与活动、玩游戏,甚至还包括那些参与度较低的活动,如看视频,然后再以某种方式应用所学的知识。常用的较低层次主动学习的例子是让学生在课堂上的有限时间内思考或讨论所呈现的材料。这种观点认为,由于学生只能有效地专注 15 分钟左右,因此,在课堂上引入 2~3 次的暂停,或者改变教学活动或关注点,这些对于改善课堂学习效果大有裨益,这也是一种简单的主动学习方法。其他常见的方法还包括基于问题的学习模式,以及合作与协作的学习。

采用主动学习方法之前,我们不禁要问,这种方法的有效性体现在哪些方面。Weltman(2007)引用多个研究成果(Raelin 和 Coghlan,2006;Sarason 和 Banbury,2004;Sutherland 和 Bonwell,1996;Umble 和 Umble,2004)佐证了主动学习的有效性。Prince(2004)的综述中归纳了倡导主动学习的有力证据,他引用 Bonwell 和 Eison(1991)的结论,“主动学习能改善学生的学习态度,提高学生思维和写作水平”。他的这篇综述也引用了 Felder 等(2002)的研究,建议将主动学习作为“一种行之有效的教学方法”。然而,Prince 还指出,他所引用的有关主动学习的支撑文献并非是结论性的,改进程度可能并不大。Prince 还回顾了主动学习的实证支持文献,并得出结论,“将活动引入课堂可以显著提高对课堂信息的记忆,同时大量证据证明学生参与课堂活动有诸多益处”(Prince,2004)。

2.4 方法和实践

如前所述,本文中给出的方法、实践练习和示例都是来自大学一年级的计算科学和数学课程,使用的材料都是由以前讲授过该模块的教师(Ron Simpson,Barbara Smith,Lee McCluskey 和 JohnTurner)和作者本人多年积累起来的素材,大部分材料都兼具理论性、技术性和实质性的内容,基本不掺杂主观内容。尽管如此,学生必须建立自己的理解框架和思维模式。因此,我们的目标是将实质内容和积极主动的学习技巧融入课堂,以鼓励学生积极参与并促进其学习进步。

积极主动的学习方法包括以下几种:

(1) 展示实例,激励学生的学习;

(2) 在可视环境中显示已完成的示例;

(3) 学生在课上进一步学习演练的例子;

(4) 播放动画、使用小程序;

(5) 观看短片;

(6) 积极参与和制定规则。

本节的其余部分将给出所有技巧的示例。

在大班课堂中，学生通常都很被动，只是听课或记笔记。从学期开始，就应鼓励学生在课堂中成为积极的学习者，主动做练习、参与课堂活动。学生不应该将自己视为被动的、等待填充信息和知识的空容器，而应是学习过程中的主动参与者。因此，从开课第一周起，学生就应清楚地知道，每周必须携带笔和纸，应积极参加课堂活动，提问并回答问题。

一些学生认为数学很难，或者以前就认为数学是极具挑战性的内容，甚至有些学生根本没有学过计算科学。他们最初往往认识不到理论材料与学习的关联性，可能会提出"学数学与计算有什么关系"这样的问题。现在重要的是建立他们的信心，激发学习动机，引领他们去学习他们自认为困难和不必要的内容。因此，教师可以尝试在现实生活中找到实际应用的示例，或者就本周将要学习的计算内容给出实例，这样可为每堂课带来良好的开端，也有助于学生理解全新材料所使用的情境。就建构主义理论而言，这有助于构建或调整大脑中的知识结构。例如，很少有学生学习过图论，更不可能将它与计算联系起来。课堂上展示图论应用的具体实例有利于学生模拟网络配置或其动态过程，而树图是他们在计算中将遇到的常用数据结构。对于有限状态机（FSM）来说，计算机游戏就是一个很好的例子，其中机器的状态代表游戏的状态，几乎所有学生都熟悉。这里所代表的状态可以是"探索""攻击""逃避"等，状态之间的转换可标记为"附近的玩家""看不到的玩家""玩家攻击""玩家空闲"等。

一旦应用情境、动机和实际运用都清楚了，那么在实例之后就可以在课堂上引入一些术语或概念的定义。在可能的情况下，每个概念或项目都应该附有一个实例或者图表，例如顶点、边、图、树。与所有书面示例一样，可视化设备上也用此方法。在逻辑上，一个简单命题的例子可能是耐人寻味或有趣的。例如简单命题"我的真名是崔莉安"（摘自《银河系漫游指南》），或是一些目前更流行的内容，其目的在于选择日常生活中学生熟悉的东西，然后要求他们思考并举例，也可能是一些与他们个人有关的例子。情况允许的话，可与周围的人或与小组分享。

上面所遵循的一般模式是阐述、举例、课堂活动。因此，应尽可能要求学生进行示例展示或解答问题。例如，在讲授集合论时，先解释概念并列举日常例子，紧接着要求棕色头发的一组学生举起手来，然后轮到蓝色眼睛的学生举手，最后是这两组的交集（即他们同时属于这两个集合）。另一个常用的实例是"我是谁"的游戏。在这个游戏中，向学生展示一组男性和女性的照片，照片中有的人戴帽子、戴眼镜或留胡子，有的则没有，要求学生确定不同集合的成员，以及应用简单集合运算符算出最后的结果。作者的观点是，如果学生亲身参与课堂活动，如举手或写出简单的句子，那么学生很可能会记住集合论这个原理。

随着课程的进展，示例和练习的技术性含量越来越大。例如引入所有的基本定义和概念后，作者为学生做了一个简单、有效的示例：用可视化设备来展示案例，而不是写在白板上，因为当它投影到主屏幕上时，学生能看得更清楚，而教师举例的时候可以不用背对着学生，而是与他们面对面交谈。

另一个可用的技巧是布置 2～3 道难度系数更大的题让学生去做。例如，将 3 个英语句子转换成逻辑命题，或者用推理规则来证明其逻辑论点。首先协助学生解答 1～2 个问题，然后剩下的让他们自己尝试解决。或者，如果有较难或耗时较长的习题，比如复杂的 FSM，那么教师最好能从头到尾讲一遍，同时也让学生参与到问题的解答过程，向他们询问每一个步骤的下一步要领，例如，下一步应添加哪条边或什么符号，应该放在哪里等提示，不断地鼓励学生参与并讨论某个特定的提示为什么会有效或者无效。教师可以这样问："在循环指令中添加某个特定的转换会生成无效字符代码吗？这是否意味着我们添加了一个新的状态？"不断检查学生的理解很重要，即促进提问习惯的养成（笔者不期望学生立即理解所有问题，只是担心他们不提问）。

对于能力强的学生来说，如果内容之前已学过，这堂课也可以作为一次提示或复习，可帮助他们巩固或强化已学的知识，但在课程单独指导的练习环节，可增加更有挑战难度的问题。这些学生通常在课堂上回答问题或主动提供信息时更有信心，这可以帮助那些不愿发言的学生。

下面以一个关于递归的讲座举例，它整合了本节开始时提到的许多主动学习技术。学习的结果是，学生应该理解递归算法的工作原理，然后在未来几周内理解排序或树遍历中使用的不同递归算法，基于学生现有的知识水平，从常用的例子开始。从计算实例到数学例子，不断扩大其应用情境来激励学生进一步学习。最终，学生对算法进行实际演算，并给出更规范的有效实例。

引入递归概念的日常案例就是在雾中穿越一片沼泽地。如果只朝一个方向沿直线行走，就很容易迷路，其结果只能是绕着圈子走。但是，如果利用指南针识别正确方位，在向前大约 100 米的位置上作小标记或地标，例如岩石或小丘，然后继续遵循该策略行走，将问题拆解为可以轻松达成的小距离目标（前行 100 米）。以此类推，持续将这种方法应用于后续的短目标行程，因为我们距目的地又近了 100 米。综上，可以将其视为穿越其余沼泽的算法：

如果你能看到你的目的地，则走过去；如果没有，则在正确方位选择 100 米远的地标，然后走到那里，直到穿越沼泽剩余的路程。

这是一个递归算法。我们按照某一条件确定了穿越沼泽其余路程的方案后，就可以成功穿越其余路程。

在课堂上使用简短的动画或小程序来阐明某个特定的概念，是改变学生关注点的有效方法。接下来，这个课堂将继续介绍另一个用到递归概念的例子，如汉诺塔（河内塔）。有一个可以动态显示河内塔游戏的软件（即动态驱动），其游戏规则如下：有三根细柱，其中一根柱子上串着大小不等的圆盘，圆盘在不同柱间转移，每次只能移动一张圆盘，最终需叠放成金字塔形状。根据传说，这个谜题起源于越南（河内）的一个修道院，修道院里的僧侣要将按照从小到大小顺序放置的 64 个圆盘从一个塔柱移动到另一个塔柱上，传说当他们完工后，世界将会终结。

该程序允许用户选择圆盘的起始数量，然后依次将其中一个圆盘从一个柱子移动到另一个柱子上。程序可显示最少步数和已移动的步数。通常先选择三张圆盘，将它们从起始点柱子移动到终点柱子上，然后每换一根柱子多增加一张圆盘，同时尽量保持最少的移动次数。随着圆盘数量增加，如果教师在不出错的情况下能累计叠加足够数量的圆盘（6 张已经是比较理想的目标数），那就意味着教师将获得学生的掌声，这样的演示对于教师来说可能会存在相当大的压力！学生也可以在课后辅导中亲身尝试，以提高对该主题内容的参与度。演示之后，可以使用递归算法的伪代码来解决这个问题。

到目前为止，我们的教学方式可归结为：从简单的常用实例入手，接着概括出一个粗略的递归算法，然后用更详尽的递归算法进行演示。下一步就是要求学生用动画演示的方式体验包含更多数学实例的递归算法。下面以如何计算整数8的阶乘，即8!为例。

这个例子可解释为，让一个学生(A)算出8的阶乘8!。学生A不喜欢阶乘8!的乘法运算，觉得这似乎很复杂，但他发现阶乘8!=8×7!，他认为某数乘以8计算起来更容易，所以他请朋友B算出7!，而朋友B摸索到与学生A相同的乘法规律，所以B让C算出6!，B要做的就是把C的得数乘以7。他们按照这种方式，依次计算：C请D计算出5!，D向E请教4!的得数，E向F要3!的结果，F向G要2!的答案，而G向H要1!的得数。

到最后，1的阶乘1! 不需要任何乘法运算，所以H把唯一答案1传回给G。现在G必须把这个得数1乘以2，然后把得数2传给F，F再乘以3，把得数6传给E，E用4乘以6，然后把得数24传给D；D用5乘以24，并将得数120传给C；C用6乘以120，将得数720传给B；B将720乘以7，然后把得数5040传给A。A最终意识到算出8的阶乘不是那么容易，但无论如何，他还是将得数40 320传给了教师。

教师需要做的则是，准备好A4卡片，上面有相关的数字和计算，例如"计算8的阶乘8!""计算7的阶乘7!"等。找8个学生志愿者，请他们站在讲台的前面。把这些卡片分发给学生，然后开始栩栩如生地进行算法演示，让每个学生依次将相关联的计算卡片递给下一个学生。当递到底数为1的阶乘卡片时，那么最后一名学生要递回那张事先备好的、写有得数1!=1的卡片。队列中的下一位学生拿着这张1!卡片，递上一张写着2!=2×1=2的卡片，以此类推，直到最后将写有答案的卡片传给教师。

随着课堂活动重点的变化和亲身体验，可以向学生展示并详述通过一些Java代码来计算整数的阶乘。解释代码之后，可利用视觉设备绘制一个5!的示例，它会显示每个递归调用，直到出现底数为止，然后展开递归计算直到得出最后的得数。在可视化设备上完成的所有示例都可以在课后通过大学的虚拟学习环境来实现，同时还提供了课堂讲稿和教程练习。授课回放功能还能使学生再次观看课堂授课的全部环节或某一特定内容，有助于学生进一步巩固课堂内容和自我反思。

下面是将其中一些有益、实用的动画和视频运用到课堂的实例。例如，在讲授排序算法时，有一个来自Toptal (n.d.)的有趣的动画，它展示了对不同长度的行进行实时排序的几种不同算法。因此，在给定的不同初始条件下，学生能很容易观察到性能差异。另外，学生通过视频网站观看匈牙利民族舞蹈表演也可以掌握经典的快速排序法，这些活动对课堂活动和课堂重点进行有益的调节，使课堂变得幽默诙谐。

其中一个关键的步骤是抽出时间让学生在课堂上做一些简短的练习，以此来巩固所学的内容。例如，命题逻辑中，在解释了如何将自然语言的句子转化为命题演算之后，给学生三个小问题来练习。第一道题教师在电子屏幕上和学生一起完成解题过程。第二道题要求学生在纸上书写，可以选择单独或两人一组完成，这样学生就有机会进行反思和相互合作。几分钟后，我们会详细讨论答案。第三道题的解答过程与第二道一样。这些简单的练习可以让学生进行反思，并且利用所给的材料进行解答，这样可以暴露学生还没有理解掌握的内容，教师此时也应鼓励他们尝试同步练习，从而进一步提出问题。

所有课程都安排了相关的个性辅导，学生可以通过辅导强化他们的学习内容，并将其应用到等级测验中。如果他们愿意，也有机会参与一些合作性任务，目的是将这些知识转化成有益、实用的知识，并将其运用到他们今后的大学课程和工作当中。

2.5 效果和反思

如何评估这些方法是否有效？Prince(2004,P2)建议，经仔细考虑后的结果应包括“对事实性知识、相关技能和学生态度的评估，以及学生记忆力等方面”。

我们可通过两个小时考试的形式查看评估的结果。教师可以查看课程的星级评分和教学模块评价，也可以从学生座谈小组那里听取反馈意见。笔者在自己的教学工作中注意到一些获得高星级评价的课程，即前文讨论过的命题逻辑、递归算法和排序算法等教学模块，从讲课内容来看，这些课程具有高水平程度的自主学习内容。有趣的是，学生总体上对本模块的教学感到满意，这点可以从学生小组座谈会的评议中得到印证。

尽管上面提到的学习效果都不错，但这些结果并没有显示出哪个部分的教学最有效，实际上也看不出什么更起效，以及哪些概念对学生来说最具有挑战性。

根据笔者已往的经验，相比其他学生，有些学生对所讨论的主动学习技巧的反应更好。例如，当要求学生在课堂上解答某实例时，一些学生会积极热心地钻研这个问题，与周围同学讨论并分享解题方案；而有的学生则不太愿意加入进来，可能是这些习题难度太大，让他们感到气馁。对于这些学生，和他们一起完成几道习题会对他们会有所帮助，然后开始试着给他们一个简单的练习，例如，编写有限状态自动机代码，启发他们尽可能思考最短的合法输入，并把最短的输入画成图表。这也许是他们能做到的全部，但我们希望他们从中获得一些成就感，这种有效的解决方案能引导学生在此基础上进行作答。

视频和动画通常深受学生的欢迎，基本能吸引每个人的注意力。显然，必须经过精挑细选，才能使得教堂视频既有趣又能开阔思路。就课堂上的递归算法教学内容来讲，要事先或在某次辅导课上先征求一些学生的意见，核实他们当堂是否自愿演示是非常有益的，否则课上鼓励学生站在讲台前解答问题，可能会耗费一些时间。然而，一切布置就绪后，这种课堂演示会非常吸引学生。

我们需要考虑哪些学生在这样的课堂中受益最多。在某种程度上，应该说所有的学生都能从积极主动参与的学习中获益，主动学习应该比呆坐在那里更有趣。没有收获的学生往往是那些没有主动参与课程或模块教学的，或者是那些对原理和数学有先入为主的偏见，自认为他们学不会的学生。另外，缺课、跟不上或认为模块难的学生可能会觉得课内练习太难。每周额外提供辅导课可以帮助解决学生掉队的问题，但很难确保有补课需求的学生都能参加。总有一些学生对于较难的内容的反应是忽略它们，甚至不来上课。而一些能力强的学生会觉得这些练习太简单，可以利用辅导课或空闲时间给他们额外增加一些高难的练习。理想的情况是，所有学生的知识结构都应当持续发展，因为后续的课程都建立在现已掌握的基础知识之上。尽管许多评论者认为还有必要进一步研究主动学习，但相关文献为主动学习的有效性提供了一些佐证。Prince(2004,P7)的结论是，“主张采用各种形式的主动学习经得起验证……如果在课堂中引入简短的活动，学生将会记住更多的内容。”

采用积极主动的学习方法会落入哪些误区？如果习题太难，其中一个误区似乎是学生会把讨论问题当作互相聊天的机会。应该限定学生解题的时间，如果学生苦思冥想还做不出来习题，教师就要进行干预并检查这个练习的难度。因为不是所有的学生都能以相同的速度完成作业，所以很难估算完成一项练习的准确时间。但是密切关注学生在做什么、谁在写作业，以及是否有人闲聊，教师还是可以掌握的。

尽可能设定正确的课堂初始基调和氛围也是至关重要的。一般情况下，学生应该认真听讲，而不是聊天或打扰其他人，但是做习题时，学生相互间可以讨论。然而，一旦教师公布了答案，他们应该全神贯注地听讲。因此，课堂活动随节奏、音调、气氛和噪声的变化而变化。技术也可能会出现故障，课前应该检查视频或动画的链接，以确保教学正常运转。

有人可能会问，主动学习是否需要缩减一部分教学内容。在多年的教学中，本模块会自然淘汰一些内容。因为这些已经不适应第二年那些特殊模块的学习，所以删除第二年常规教学的模块必然也会删除与之相关的材料和学习活动。学习内容的变化应包括增加主动学习的内容。考虑主动学习所涵盖的材料需重组和修改教学内容，或许用附有视频或动画的简短注释来替代冗长的文字解释是一个不错的例子。

最后，如果想推广主动学习的方法和技巧，那么未来发展的动态应该包括利用学生反馈系统，让学生解答问题以评定他们的理解水平。这可能有助于教师更清楚地了解哪些内容或原理是学生难以理解的。哈德斯菲尔德研发的教学系统能够让教师进行提问，学生可以使用自己的移动设备，如手机、笔记本或平板电脑进行回答。该系统能收集并自动存储数据，以备将来检索使用(Meng 和 Lu，2011)。无论学习小组的规模、年龄或知识背景如何，该系统均适用于基于活动或基于问题的教学环境。这样可以提供有用的信息，如在相应的知识点补充一些有益的解释或实例，并且更好地评估主动学习的有效性，以及在实际讲课中额外增加让学生主动参与学习。

2.6 结论

本章讨论了大班、多元化学生群体的教学困境，阐述了主动学习的教学方法，审视其使用的动机，并评述了一些文献。我们呈现了在大班计算科学和数学课堂中使用主动学习进行授课的具体实用技巧和示例，然后反思这些技能技巧的效果和潜在问题，以及对未来的展望。

参考文献

第 2 章.docx

第3章 翻转课堂

Michael O'Grady

摘要：本章以作者第一学年利用课堂内外的时间在两个学院进行的“互联网和数字媒体概论”授课为例，该教学模块包含丰富的音乐内容，但每年都会出现缺勤和无法结业的窘况。参与的学生既涵盖工科生、学习编程的学生，又包括音乐生和美术生，要使这些学生全神贯注、积极参与并心甘情愿地阅读学习材料并非易事。翻转课堂教学模式将每周的学习材料提前加载到VLE(Virtual Learning Environment，虚拟学习环境)，为有组织地辅导和计算机实验操作提供更多的时间，从而显著改善学生成绩和满意度。本章根据第一学年的出勤率和虚拟学习环境参与度，评估这种翻转教学模式下的学生成绩。每周学习材料涵盖丰富的主题资源，包括短视频、文本、幻灯片及其截屏视频、学术文章、博客文章、网络文章和内置视频等材料。我们鼓励学生广泛阅读，尽可能多地从不同类型的报告中汲取知识，同时每周还为学生安排有序的辅导。每周的内容创建或链接旨在给工科生或艺术生提供其他材料或额外内容。我们将学生的分数分别与一年内的出勤率和虚拟学习环境的参与度进行比对。虽然两者都显示随着出勤率提高和虚拟学习参与度的增加都会使学生成绩趋于良好，但后者具有更大的对应性，即相比每周阅读资源而言，课堂出勤率显得并非那么重要。充分参与虚拟学习VLE且到课率低于50%的学生仍然能够达到一流标准。大部分学生每周都会在课前阅读学习材料，但是仍有些学生几乎不预习。VLE的访问数据还显示，许多学生凌晨还在学习。翻转课堂教学法使得教学模块效果更好，提升了学生课堂体验，并使其更注重学习材料和辅导内容；课内学生上网娱乐和网络社交的时间更少，教师对学生一对一辅导的时间更多。

关键词：翻转课堂；虚拟学习环境；出勤率；参与度；学习资源

3.1 引言

本章讨论2014—2015学年，向音乐专业一年级学生讲授“数字互联网技术”时将翻转课堂引入教学模式的经历。这个名为“数字媒体和互联网概论”的模块主要面向计算机与工程学院(C&E)和音乐人文传媒学院(MHM)的学生。有些课程将这个教学模块视为核心内容，而有些则将其作为选修内容。在2014—2015学年，大约70名学生参加了此模块的学习，他们共分为4组，每周在计算机实验室进行1.5小时的课堂讨论。

学生的学业背景具有一定差异：既有希望了解声乐技术和编码学习计算机编程的音乐技术专业的理科生；又有来自学习流行音乐制作的音乐艺术和表演艺术的文科生。后者设想通过建立网站、内容服务、产品促销和营销视频等视觉手段营造自己或乐队的音乐形象；而前者则对艺术和表演相关的内容并无兴趣，他们只想通过学习代码和技术手段来处理音频。

这个教学模块由计算机工程学院承担，是面向工程学院同学的内部课程模块，同时亦面向音乐人文传媒学院的课外课程模块。模块由各课程负责人设计，旨在让所有学生在数字和多媒体领域皆有所获。然而，现实并没有达到预期的效果，主要是因为学生们来自多个学院，期待相异，还有部分原因是将2小时的学习时间缩减到1.5小时，从而降低了课程学习的重要性。减少的30分钟分配给了课程更难、更核心的模块。因此，学生常抱怨没有足够的时间在课堂上获得一对一辅导来消化理解和完成他们每周的任务。

这个教学模块已经进行了十多年，不同模块负责人对规范中所讲授的内容持不同意见。模块的不同版本包括以下内容：

- 技术网站制作(Scratch编码)——对工科生有利，对艺术生不利；
- 市场营销，视觉表达，视频和DVD制作(Photoshop和Scratch，产出大量的视觉产品)——对于工科生不利，却受到艺术生的青睐；
- 以内容取胜的网站管理并力求达到专业标准，发布图片、博客以及视频创作——作者的手法，对一些人有利，对另一些人不利。

课程模块已讲授多年，但学生满意度却相对较低(见下文)。直观上来说，翻转课堂教学法似乎是很好的转机，其基本前提是：

(1) 每周提供一份内容丰富、广泛的系统化知识，供课前预读；

(2) 显然，有些内容会吸引有创造力或表演能力的音乐学生，有些则吸引技术性较强的学生；

(3) 每周给学生提供一套自主学习任务，需要在课前或课内完成，这项任务一开始是看不到的，学生须通过每周预读获得访问权限，然后单击底部"回顾"按钮；

(4) 尽量减少每周1.5小时的教学指导时间，并最大限度进行一对一辅导。

翻转课堂教学法是为了给工科生和艺术生提供更多的内容。它需要大量课内支持和口头指导(包括全班和个人)，并不断督促和提醒学生去完成作业任务。此外，每个学生都有机会在其课程范围内通过实验拓展他们的学习。在两个学期的作业中，每一项都允许将高达20%的分数分配到操作实验中，而实验指的是任何超出特定课程的内容。

结果显示，通过使用这种方法，学生的满意度从不到50%增加到90%左右。此外，作者还得到了从学生监测系统获取的大量确凿数据。学生反映最失望的是通过UniLearn(Blackboard的品牌版本VLE)获得的数据。

通过比较以下数据，可以发现学生一些有趣的行为和表现：①两项同等权重的作业及其平均值；②按时上课学生的出勤监控；③虚拟学习环境VLE下学习不同要素的点击量。

本章未涉及的数据还包括模块课程相关的特定阅读列表(MyReading)资源、课程模块的正式评估问卷以及自定义问卷。

因此，本章概述了该模块在虚拟教学环境下的框架、教学方法、学生的想法以及基于大数据支持的结论。

3.2 教学模块

这项教学模块尝试一种较普适的教学方法来应对互联网、数字制品及多媒体等内容，并概述了通过网站、视频和社交媒体推销个人、作品、乐队、团体等系列营销和支持性活动。此内容是为音乐专业的学生量身定打造的。

上文提到，不同专业背景的学生和缩减课堂时间造成了不利于学习的困境。

在参与课程的人群中，85%～90%是学校里更注重技术的理工科学生，10%～15%来自音乐人文传媒学院。该课程由工程学部安排并管理，他们同时还负责教授音乐人文传媒学院的文艺生学习该模块。每周课堂的学习时间从 2 小时缩减到 1.5 小时，以便其他(主要是用于理工科生练习编程)基础核心模块每周额外增加 30 分钟的学习时间。

这样做主要面临的挑战是要让修 6 门课程的所有学生都参与进来，学有所得。而课程范围既涵盖理工科的音乐技术和软件开发，又包括艺术学的音乐技术和流行音乐。选修后者的学生还包括那些学习钢琴、铜管、风琴、竖琴等乐器的音乐生。

不幸的是，多年来，学生对这个模块的教学满意度一直存在两极分化的现象。并不是所有的学生都喜欢这个模块，有些人认为它毫无难度，而另一些人则认为它难度系数较大，需要一定的技术含量。对多数学生来说，学习数字化的技能对其尚未成熟的音乐事业发展大有裨益。再者，大部分的学生最喜欢的是第二学期的视频要素模块。因此，我们的挑战是在授课内容难度大致相同(须征得各任课教师的同意)的情况下吸引学生深入地参与学习，并让课程对所有学生均有功用。

3.3 翻转课堂教学法的动机和合理性

在 2010—2013 学年，笔者曾致力于通过录屏在线直播授课形式为学生提供课程内容并总结反馈，希望利用视频与音频的录制更多地接触到网络技术，并掌握较宽泛的数字素养技能。出于该兴趣，笔者于 2013 年参加了一个促进在线学习的课程(Facilitating Online Learning course，FOL)。该课程专为那些希望实施远程教学并在声乐技术领域学习先进的网络工具和课程管理系统的人员设计。参会人员主要是为了了解网络视频会议软件 Adobe Connect，能在网络摄像头前较舒适地实况录制一些虚拟讲座的录屏视频。

虽然网络视频会议系统非常强大，但通过定制的 VLE(虚拟学习环境)模块展示学习材料本身就采用了翻转课堂的方法，展现了一个引人入胜的学习环境。这种方法包含以下几方面。

- 在参加网络视频讲座之前应提前阅读规定的材料，包括一些临时性的任务(维基百科资料、讨论等)。
- 提前阅读学术论文、博客文章和内置视频等资源。
- 每周的学习材料集中于虚拟学习环境(VLE)和网络视频会议管理软件 Webinar 等手段的实际运用与参与。
- 授课均通过网络视频会议管理软件远程实施。
- 展示一全套网络视频讲座的环节：聊天、投票、现场音频和视频的交流。

- 主持人通过视频会议管理软件(Word、PowerPoint 等)展示桌面应用程序。

20 多年前,King(1993)将教师在课堂上授课的传统模式称为“讲台上的圣人”,并表示虽然有些课程在这种方法下效果尚可,但更多地促进学生学习才更有价值,即所谓的“让教师成为身边的导师”。翻转课堂教学法与后一种教学法相同,同属工具性方法,是融合了更多学习资源的一种混合传授方法,包括学生讨论、小组合作、学生利用在线工具进行协作以及鼓励学生深度思考。实际上,这种方法已涵盖了布鲁姆的教育目标分类法(Gilboy 等,2015)。

在与公共卫生专业学生的合作中,Galway 等(2014)发现学生在学习新内容时普遍喜欢翻转课堂教学法。超过 80%的学生喜欢在翻转课堂的环境中融入在线学习材料以及问题导向式的学习训练。一些学生评价他们更能通晓与主题相关的新闻,能够反思新材料的含义,以及新材料与其他领域或其他课程模块间的联系。有些学生认为他们在上课之前有责任进行预读,这是课程设置的一部分,否则他们往往不会这样做。有些学生起初可能会遇到一些困难,或者抱怨在课程初期却要接受超出自我感知的阅读量或学习,这都会对学生的满意度产生负面影响(Critz 和 Knight,2013;Missildine 等,2013),但随着习惯的养成,在整个学年中预先加载每周学习量,这种负面影响就会逐渐削弱。

与传统教学环境相比,学生满意度的显著提高也是高中生使用翻转课堂的一个关键因素(Sergis 等,2018)。在学习过程中,学生获得更大的成就感和学习动力。差等生给出了最高的满意度评分,这很可能是因为他们有更多的提升空间,这得益于他们能够深度参与合作学习。

在学习 FOL(促进在线学习课程)模块时,会遇到一些个人层面的挑战,其中许多挑战会反映在学生身上:

- 上课前必须做好预习的时间管理,如果学生不预习,这个系统的有效性就很差;
- 与过去相比,短时间内需要更多碎片化阅读和学习——这是一种文化冲击,对学生来讲更具挑战性;
- 监测结果有两种可能性,即有进展或无进展;
- 增加与其他学校同行的联系——虽然频率不高且无计划性,但总是令人愉快、有益的。

简而言之,与大多数学习方式完全不同,翻转课堂需要大量的时间和精力提前做好课前功课,如果学生不能深入参与(课中和课后),该方法就不一定很好地发挥作用。

3.4　构建翻转课堂的方法

需掌握的内容均放置在虚拟学习环境(VLE)中。学校所有教学模块的菜单项都有正式的体例,如下所示:

- 公告(只允许告示贴置顶);
- 课程模块信息(课程模块手册);
- 教职员工信息;
- 学习资源(每周学习和辅导材料区);
- 评估;

• 阅读列表(内部标记为 MyReading)。

目前还有一个额外菜单项,涵盖了 2015 年推出的讲座截屏操作系统,本章未涉及。

学习资源区由教学模块主讲人自行安排,这是教学周的重点。本模块每周筹备一次(教学周,而非管理周),并在前一周发布,以供学生查阅。

每周创建的资源区,文件夹需在页面置顶,并按照教学周编号(分别为第一学期的 1~12 周和第二学期的 13~24 周),以适当的标题命名。学生应该明了自己学习了哪一周,如果错过课程,应知道自己错过了哪一周,往往当前周是最重要的。

每周内容分为三个部分。

(1) 项目的文案式简介,可内置说明性截屏或短视频。开始我们用了数周时间制作了一段介绍性视频,但很快由于工作量较大以及软件次年可能过时等原因放弃了。

(2) 附有介绍学习内容的文件夹。该文件夹包含 4~8 个独立且按文件字节数排列的分项学习内容。最后一项包含"复习"按钮,单击该按钮后,学生可见每周辅导任务,并可进行学习。

(3) "每周辅导"文件夹。学生每周可在课前或课中(和课后)完成的一系列任务。

所有要素(文件夹、项目和自适应发放任务按钮)都可激活进行数据记录,以核对学生是否点击某一特定任务的链接,再利用这些数据评估作业中的 VLE 参与度和个人表现。下面是两个主要内容文件夹的详细介绍。

3.4.1 "每周学习内容"文件夹

每个"每周学习"文件夹都有一套指导性说明,包括周目标、周学习大事记、与前几周内容的关系和任务建议等。

文件夹的数据项目可由每个学生自上而下依次查看。内容材料包括:

• 内置的图片,显示他们正在查看的项目资源类型(文本、网站、视频);
• 项目中的文案;
• 上传的文件(Word、PDF、电子表格、幻灯片)的文本和链接;
• 指向一个或多个网站资源的超链接;
• 内置的视频——通过 VLE 视频插件功能,或者直接通过视频网站内置代码,视频从页面直接显示播放;
• 截屏短视频(通常由作者上传到视频网站并设置为"未公布")用于解释某些概念;
• 通过幻灯片来演示辅导练习是如何完成的。

资源库还包括一些早期的幻灯片(通常不超过 4 年),可作为附加参考项目,并提供适用性的具体指导,以及与当前截屏比较的说明。

3.4.2 "每周辅导任务"文件夹

该文件夹最初名为"学习模块"(FOL 模式的直接翻版),随后很快改为"每周辅导任务"。这个文件夹引导学生一步一步、循序渐进地完成每周的辅导任务,用索引页面显示工作的小标识,方便学生在不同任务间切换。尽管学生接触了软件应用程序的新技术,但这部分没有新的学习内容。此外,文件夹中的所有截屏和短视频都明确说明了如何使用一些与每周任务和作业相关的软件系统工具和应用程序。

新主题和相关软件应用程序在初期介绍时段结束之后，学生有时会出现难以完成周任务的现象。在课堂观看投屏现场演示然后记住这些步骤，与自己在计算机上操作是完全两码事，两者存在认知上的脱节。选择翻转课堂教学法的部分原因是给学生提供更多的课堂时间，但对于那些缺课、学习能力不足、主动性不强的学生，他们很难在课程结束前掌握这些要点。因此，作者创建了任务解决方案的视频，并在一至两周后提供。每次相关课程开始时，学生都会收到提醒，前一周的解决方案存放在 VLE 某个特定位置，可循环播放。最好保证学生不能提前查看该资源，从而避免学生借此逃避课堂上的参与和学习。

教师每个学期均有一次机会特制“补习”或“解决方案”短视频解决学生出现的共性问题。这些将作为任务按照周时间节点出现在“学习资源”页面。短视频可以用来公布课堂上常见问题的答案、电子邮件收到的问题，以及能给后期作业带来一些启发的话题或素材。

初始时“每周辅导任务”文件夹是不可见的，激活后在外观上与学习文件夹相似，学生需要按照指定的活动任务进行学习。这里都有非常实用的说明，例如使用示例文件打开 Adobe 应用程序，然后可进行添加、更改、试验、保存和查看等任务项。作者开发了序列指令的快捷方法，其中符号“＞”用于连接后续指令。在 Word 中创建超链接的示例如下：

（1）…先前指令…；

（2）在浏览器窗口中打开文档将要链接的网页；

（3）选中超链接 URL，然后按 Ctrl＋C；

（4）在 Word 文档中，高亮链接，然后依次执行 link＞Ctrl＋K→Ctrl＋V→OK→Ctrl＋S；

（5）…继续…。

学生每周任务会有一个非常明确的时间表，特别是在某些任务界面，如果工作顺序发生变化，那么最终的结果会有很大的不同。任务有时包括快速总结项目要点，并在课堂上或通过内置短视频的方式提供较全面的解释。

有些学生会进行必要的学习，并尝试在一个或多个模块课程中完成辅导性学习任务。另一个极端是，那些没有激活“每周辅导任务”文件夹的学生，不大可能在上课前预读材料。

经历大约三周的短期学习之后，每个学生才在预读和完成系列实践性工作方面充分意识到他们对待学习应有的期望。这是 120 总学分内唯一一个使用翻转课堂的 20 学分模块，是一项艰巨的挑战。

3.5　数据展示的结果

本研究分析了三个主要数据源：

- 课程模块总分和个人作业的得分——两次权重和持续时间相等的任务作业，加上课程模块所得到的均值；
- 出勤数据库——要求学生必须“打卡”进入课表中的课程；
- VLE 学习报告（包括项目、文件夹和“复习”按钮的点击数据）。

3.5.1　模块得分

几年来，该模块被分解成两个独立等权重的任务。每学期 12 周，一学期包括 11 个教学周和 1 个集中指导周（类似于阅读周）。第一学期，涉及内容管理系统（CMS）的网站按照专业的部分标准建设，包括定制的布局菜单、内容、图像、安全性、备份等。学生可以根据他们的课程和兴趣尽可能完成技术性的工作或创意。其主题由学生自行决定，但教师应鼓励他们创造性开发一些内容，用于某个课程模块或服务于自身的发展或未来的提升（如表演者或乐队网站）。这项工作严格按时间表进行，是创建良好网站所必需的技能。每周的学习相当紧凑，内容多且以高难技术为导向，技术专业的学生有机会参与编码的学习。

在第二学期，学生学习如何规划视频创作、拍摄影片、制作和编辑数字视频。此外，这也有助于他们未来的自我发展，帮助他们在第二年找到合适的工作，或者正如许多学生看到的那样，有机会获得更多乐趣。鼓励技术专业的学生按照“音乐制作的一天”或“如何设计嘻哈曲目”的思路制作视频。比起创建网站，学生更享受这项任务带来的创新性和更加缜密的思考。

图 3.1 显示了截至 2014—2015 学年（包括 2014—2015 学年）最近三年定期评估和平均成绩柱状图。我们已经采纳了一项院校指标，即按照 TEF 指标衡量（2∶1 学位分级的下限），75％的学生分数应达到 60％的要求。而且在三个学年中，年度模块平均分数均有稳定的增长，由 58％到 61％再到 65％。此外，每组中的下栏代表第一学期的技术性网站建设工作，而上栏代表第二学期的视频制作工作。第一学期的分数比起前几年的 57％、58％左右，似乎有显著增加，分值上升至 68％。这归因于学生接触到越来越多的材料，特别是班里的那些理工生和极富创造性（对视觉性敏感）的艺术生。这在一定程度上反映了占比 20％的作业得分上，作业分数的评判基于实验结果和对专业知识的深究，而这符合课程的定位和学生的兴趣。

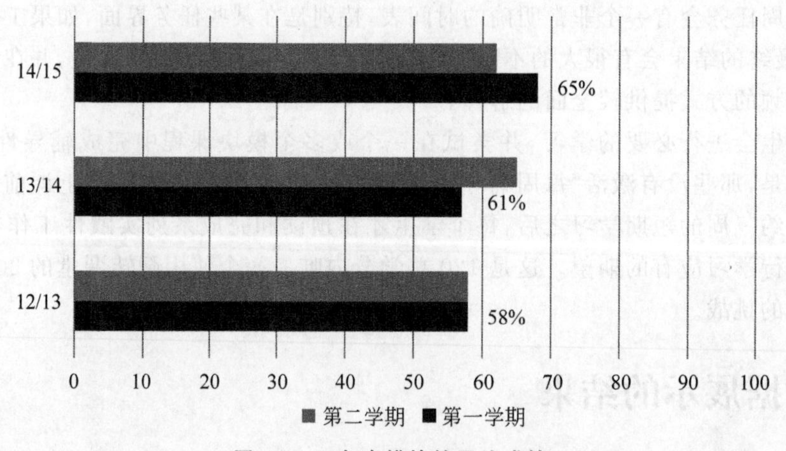

图 3.1 三年内模块的平均成绩

每年的学生成绩都特别优异（UCAS 美国大学的入学成绩佐证了这一点），他们又是充满激情的群体，其中一些学生的学科背景与作者学校的网络专业和多媒体专业的学生相同，他们比后者明显做得更好。然而，虽然他们提交的大部分作业质量都很高，但每年都会因为错过连续性作业的部分环节，最终获得较低的期末分数；虽然他们的作业做得很好，但未能完成所有规定部分的学习。因此，一些优秀学生的平均成绩勉强达到 40％的及格线。

3.5.2 出勤率与成绩

作为一个教研机构，我们对课表上所有课程实施出勤监控已有数年之久，这被用作学生风险算法，为其提供支持和指导干预。其中包含两个关键的触发因素：①学生理想的总出勤率应达到 75%；②如果出勤率低于 50%，则要求学生参加规范学习。实际上，随着出勤率降至较低值，干预措施也在升级，例如邀请那些给学生提供帮助干预的教职人员参加。

如图 3.2 所示，第一学期的出勤情况较好，这说明了学生出勤率与作业得分之间的关系。最低期望值为总分的 60%，上限位于该分数线处，下限位于 40%的通过线处。

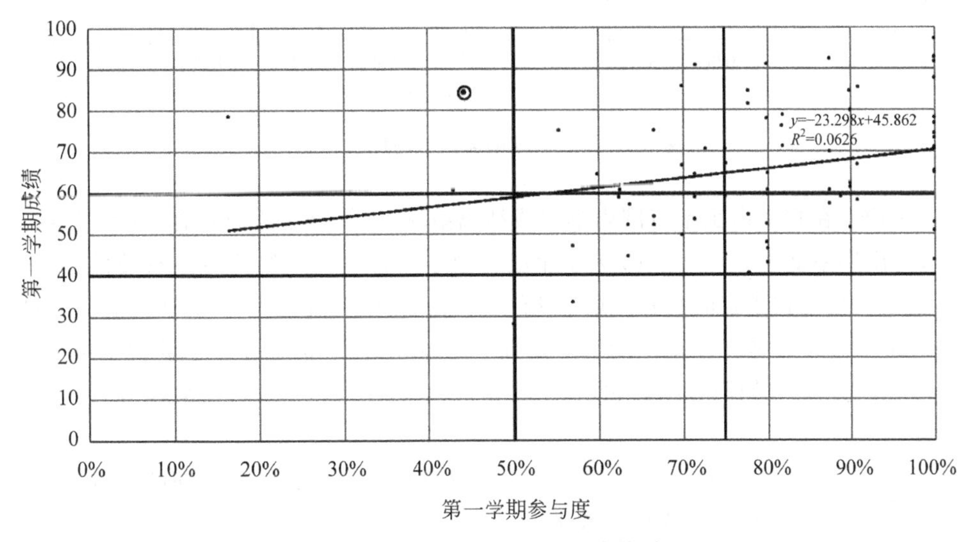

图 3.2　第一学期的参与度与成绩对比

图 3.2 右上角聚集了大约三分之一的学生，他们出勤率为 50%～75%。有趣的是，在上述 50%～75%的出勤率中，分数高于 60%和低于 60%的学生各占一半，这表明当学生可以远程获得材料时，出勤率可能没有那么重要。不过出勤率在 75%～100%的范围内，高出勤率和高分数之间明显有密切关系。其结果为，70%的学生得到 60%或更高的分数。此外，还有 15 名出勤率为 100%的学生，他们都通过了考试，成绩分布在 40%～100%。“每周学”项目的规范性、表格化为作业提供了实用的检查清单，特别是当学生进行额外的实验时，他们对作业里的每个相关学习点一目了然。

用圆圈标记的学生成绩将在本章多次提及。这名学生两个学期都取得了不菲的成绩，但在与系主任进行有关学科交流时，他的表现却不尽如人意。学生的时间安排得恰到好处，而且深度参与 VLE 学习，下文会提到这一点。

图 3.3 说明了第二学期该组学生呈现的不同情形，部分原因是：学习要求不那么繁重；作业的创造性较强，包括设计和文档编制；需要“走出课堂”拍摄自己的影片；有时还需要调配演员；有些学生故意“以身试法”(出勤率和 VLE 参与度都很低，甚至将作业拖至最后几周匆忙应付)。

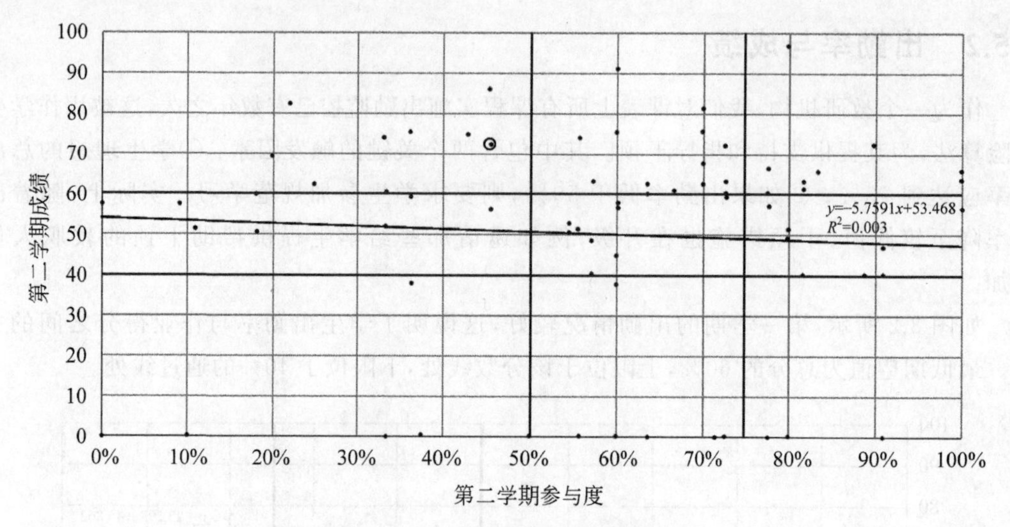

图 3.3 第二学期的参与度与成绩对比

图 3.3 说明在整个出勤率范围内学习成绩离散较大，值得注意的是有 10 名学生分数高于 60%，但出勤率低于 50%，有 13 名学生因为退学或停学而成绩为零。有趣的是，由于每项成绩各占 50%的权重，如果另一项成绩有所补偿，则学生在一个作业单元上的通过率低于 40%也能通过最终考试。圈出的学生出勤率已经降到了 45%，但仍然获得了第一名。显然斜率为负，违背了我们原有的设想，这主要是因为有些学生虽然未提交作业，但参与学习十分积极。

图 3.3 展示了一组良好的成绩，主要是由于这项作业具有创造性和趣味性，除了 2 名学生外，其余所有人均达到及格或以上成绩。

图 3.4 保留了所有未提交者的成绩，并对全年进行平均，说明相对较低的斜率周围有大的离散分布，表明成绩随着出勤率的提高而提高。但仍然有 4 名学生出勤率很高，却没有达到 40%的通过率（见右下角）。

尽管 R^2 值相对较小，为 0.0491，但趋势线显示通过的学生中 44.3%出勤率不足，只有 65%的学生全勤出席。上文提到圈出的学生仍然与此结果不一致。

显然，在多数情况下良好的出勤率会带来好的成绩。每周参与系统性材料的学习和循序渐进的辅导内容似乎表明：良好的成绩来自良好的出勤率。但凡事都有例外，特别是在材料可以轻松获取，并且学生擅长时间管理的情况下。第二学期的创造性任务没有成功吸引学生积极参与，然而，持续、灵活获取资源的方式，使有良好学习动机的学生取得了较高的成绩。

3.5.3 VLE 学习参与度

Unilearn（BlackBoard 品牌版 VLE）提供了一些有益的高级信息，这些信息与学生的整体参与度有关。然而，对这些数据的追踪研究表明，每个模块的数据集更新之前只持续了 6 个月，如果不清楚这些数据在学期伊始时属于必备资源（事实并非如此），就很难获得这些数据。因此，每个学期的 VLE 学习参与信息来自两个数据集：一个在圣诞节后获得（第

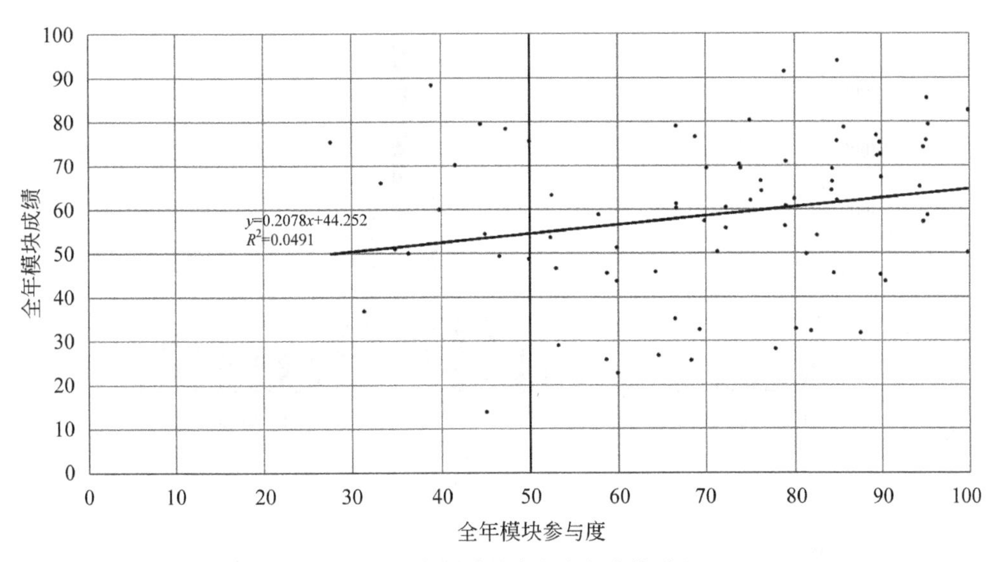

图 3.4 全年模块的参与度与成绩对比

一学期),另一个在次年 5 月获得(第二学期),其中大量工作是处理这些交互存储的数据。

通过每日点击的活动、每小时点击次数、点击“回顾复习”按钮的数量以及学生总体学习参与度(点击总次数)都可以汇总参与数据。总之,VLE 模块中嵌入了超过 220 条字段,其中大多数设置为记录数据(学生的一次或多次点击)。

第一学期的每小时和每日汇总数据如图 3.5 所示。小时参与度(图 3.5(a))显示,参与度峰值出现在 11:00 到 17:00 的上课时间;而晚间一直到凌晨 1:00 左右,每小时使用量大约仅为峰值的 8%(6000 次中约有 500 次)。日参与度(图 3.5(b))显示了一周中使用量的高峰,每周大约四分之一使用量出现在周五,即下一周材料发布的时段。周末使用率很低,但在周一没有课的时候,日使用量达到峰值使用量的 50%。显然,学生正在灵活地学习 VLE 中的内容。

第二学期的每小时和每日参与度汇总数据概况相似,但数值大幅降低,峰值约为第一学期参与度的 50%。有趣的是,虽然周四的课堂参与人次从 6000 左右降至 3500 左右(上课时间),但周一的值下降不多,从 3200 降至 2600,这表明虽然课堂参与度(出勤率)降低了,但学生仍在利用周一来学习这个模块(图 3.6)。

第一学期的技术含量较高,图 3.7 表明其日参与度出现了相对良好的连续性,期中的峰值下降到 45%左右,而在接近期末和交作业时,峰值相对稳定地达到 60%左右。作业在教学第二周分发,每周的点击高峰达到 900 次。在每学期的非教学指导周,点击峰值则最终回升至 600 次。

第二学期的图表显示出一种更为轻松的 VLE(虚拟学习环境)参与度,与出勤率趋势一致(图 3.8);参与度在前四周达到最高,在复活节假期的三周内迅速下降,并在交作业前的最后两周有小幅度回升。

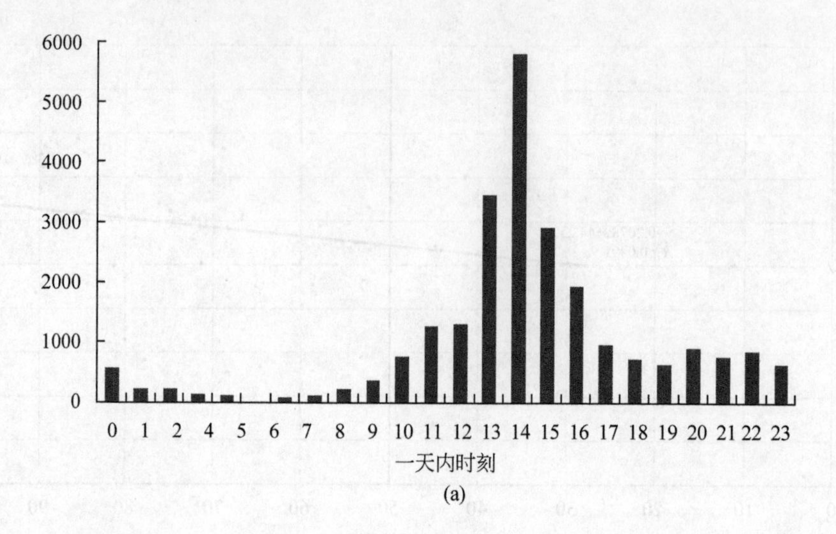

(a)

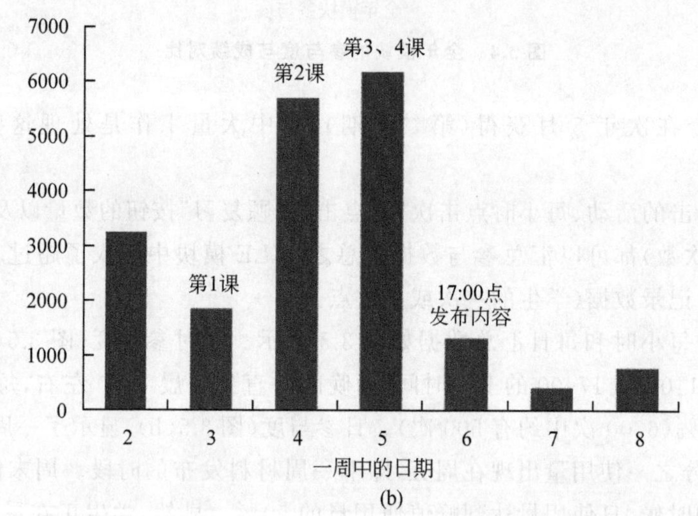

(b)

图 3.5　第一学期期间 VLE 每小时和每天的参与情况

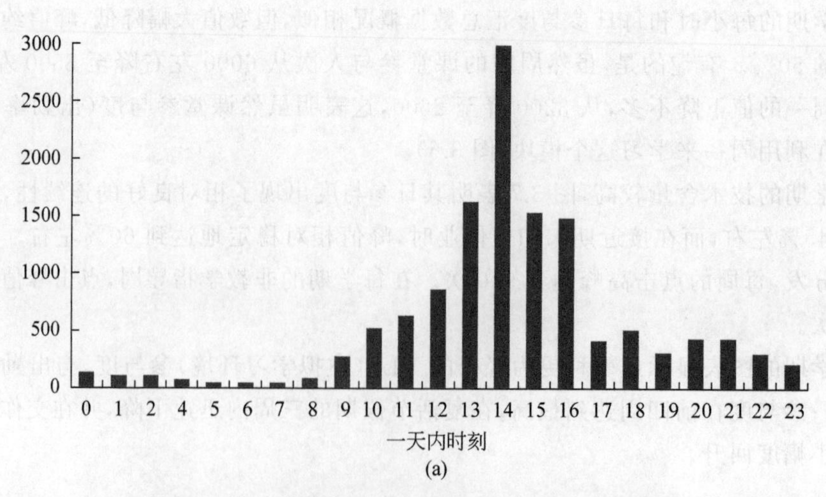

(a)

图 3.6　第二学期期间 VLE 每小时和每天的参与情况

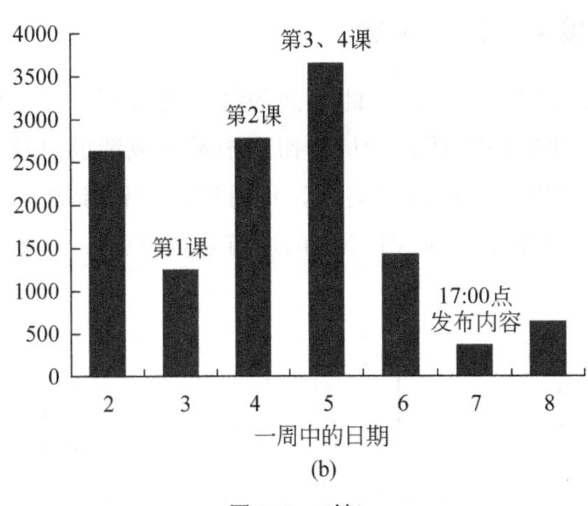

图 3.6 （续）

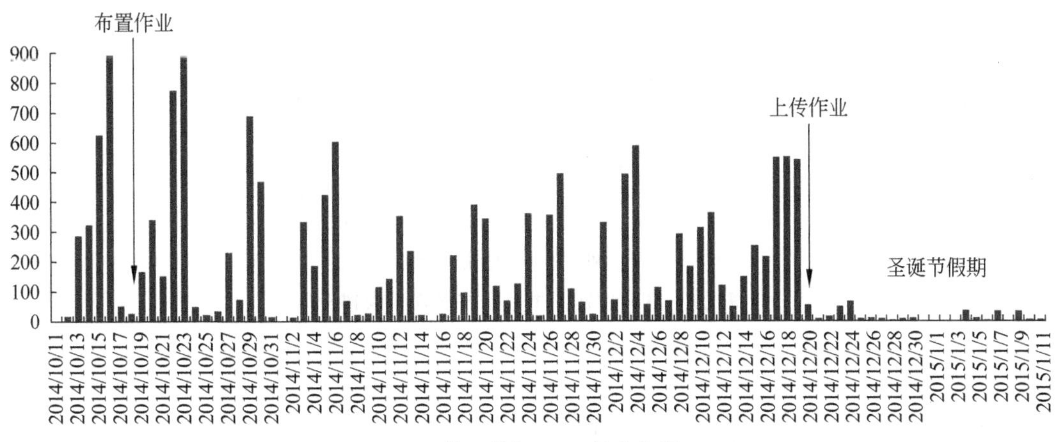

图 3.7 第一学期 VLE 的参与情况

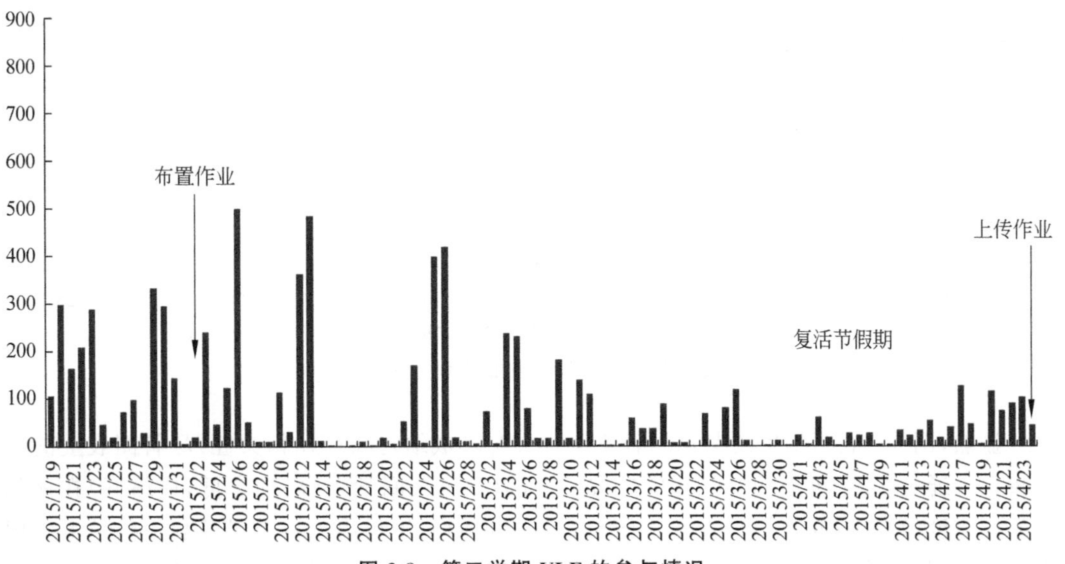

图 3.8 第二学期 VLE 的参与情况

3.5.4 VLE 参与度与分数数据

由于很难从 Blackboard 获得数据，因此得到的结果比较粗略，但还是令人深思。图 3.9、图 3.10 分别显示了每个学生的"回顾复习"按钮点击量与成绩的对比，以及总参与点击量与成绩的对比(图 3.10)。区别在于前者仅突出显示每周辅导任务的参与度(通过单击"回顾复习"按钮)，而后者展示了每个学生在 VLE 中的所有点击量。

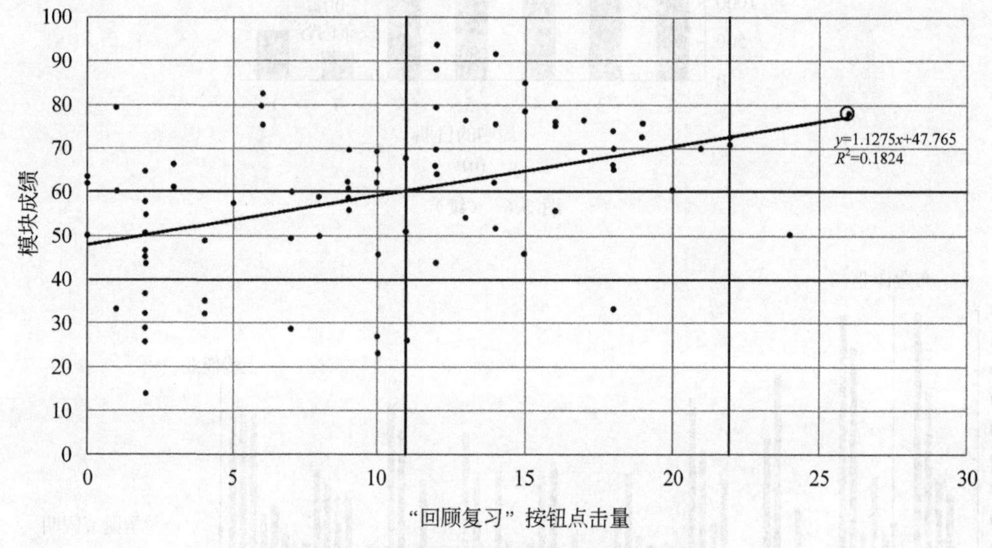

图 3.9 复习按钮点击总量与教学模块得分

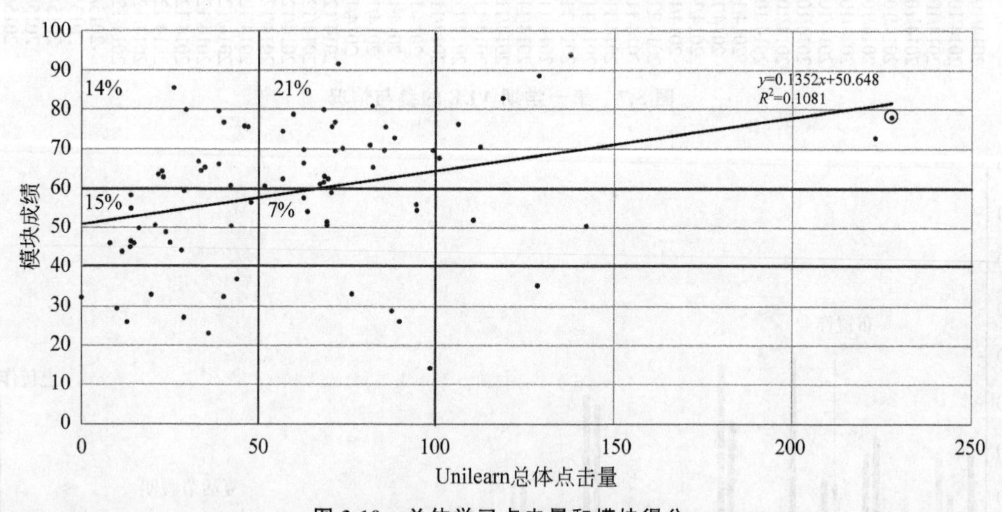

图 3.10 总体学习点击量和模块得分

显然，图 3.9 表明学生浏览每周教学文件夹与其成绩之间存在相关性，尽管图表上的离散较大。通过 26 个可用的"回顾复习"按钮，可以看出被圈学生(出勤率低，成绩好)在该部分的参与度最高，看起来似乎查看了所有资源。这倾向于得出这样的结论：一些学生利用自己的时间，有策略地使用资源进行学习，同时尽量减少课堂上的闲聊和交流时间。由于成本不断攀升，对于哈德斯菲尔德(Huddersfield)地区大部分需要通勤的学生来讲，这种情况越来越普遍。

虽然“回顾复习”按钮不能说明学生是否学完了所有公开的辅导材料，但它确实表明一些学生成绩的合理性，就是那些学习没有超过 5 周辅导内容的学生(7 个学生的分数超过 60%，9 个学生的分数为 40%～59%)。

图 3.9 中的竖线位于 22 次复习点击处，这代表学生每个教学周点击一次，包含了大部分点击量。第二条竖线位于半数，即 11 次点击量处。对第二条线左边成绩的分析表明，18 人成绩达到总分的 60%或更高，几乎等量的人数位于 40%～60%分档(17 人)，并且不及格人数(12 人)的比例相对较高。三个成绩挡位的人数分别为 18、17 和 12。然而，在 11 到 22 次点击量之间，三个挡位人数分别为 27、6 和 1。持续参与复习的学生得分率显著增加。

虽然回归值 R^2 很高，为 0.1824，但线条的趋势很有说服力，相交点仍然在接近 48%的分数处。趋势线斜率为 1.1275，大约是总体出勤斜率 0.2078(图 3.4)的 5 倍。因此可以说，VLE 的引入，尤其是在学生主动参与的领域，对学生成绩的影响比仅仅上课更大。

图 3.10 显示了在 VLE 模块中，每个学生模块成绩与总体学习参与点击次数。最高大约有 230 次点击且不止一次，圈出的学生在参与点击次数中再次领先。

图中绘制的两条作为基准值的竖线，分别位于(50 和 100)重要的参与量，并且部分反映出数据的群组性。如果去除这两个在 230 次点击量附近的数据点，数据离散较大，这并不是学生考试不及格造成的，而是那些没交第二项作业的学生造成的(包括次年留级、退学或重修该模块的学生)。

图 3.10 还显示，参与点击量在 50 次以下，分数为 40%～59%(即 15%)的学生，其人数与分数达到 60%及以上(即 14%)的学生人数大致相等。虽然没有进行调查，但作者的观点是，该组中有些学生已具备学习材料的技能和经验，不需要再浏览辅导材料。

有趣的是，在 50～100 次的点击量之间，随着 VLE 的学习参与度增加，分数达到 60%或以上学生的比例是分数为 40%～59%的人数的 3 倍(分别为 21%和 7%)。这个指标很好地说明了那些对学习材料合理投入，尤其是对任务要求有深度了解的学生，可以获得更好的成绩。只有 10%的学生(9 人)参与度的点击数为 100～150，除 1 名学生之外均通过了考试，超过半数学生(5 人)获得了 70%或更高的分数。

综上所述，与参加课堂学习相比，VLE 的整体参与度是提高学生成绩的一个更重要的因素，而灵活地获取材料是增加学生参与度和成就感的主要因素。

3.6　翻转课堂方法的优势

这种方法在使用初期会有一些收获，首先表现在课堂上学生的参与度。在过去的几年中，由于减少了上课时间，授课内容与个人辅导工作的比例约为 2∶1。如果不加以严格的控制和引导，学生就会有注意力分散和课堂喧闹的趋势。翻转课堂教学法带来了巨大的变化：第一学期学习材料技术含量高、信息丰富，使得学生们对学习和任务有较高的期待和更强的专注力，所以会长时间处于完全安静的学习状态。而有些学生不想被“是否需要帮助”这类询问所打扰。

材料在发布日之前(即通常是前一周的星期五)需要进行精心组织,这是将此项目放在学生问题栏(随后讨论)的原因。然而,这样的做法为学生提供了出色的时间管理实践,使学生受益良多,也是考虑到教学周学生一般不会遇到学习困难,因为所有繁难的问题都在前一周解决了。

学生喜欢有条理的素材,这些材料的格式具有可预见性,且随时随地唾手可得,对他们来说不需要花费太多精力。此外,将所有教学周的周任务安排放在一页上,周任务项目表单的编号、标签与命名保持一致,可使学生在规定的作业时间快速访问之前的页面。

学生更喜欢将本周材料在当前页面置顶。向下滚动页面以查找以往的材料,非常直观,即近期的学习内容位于页面顶部,而几周前的内容位于页面下方。

许多学生评价道,他们更喜欢在开课之前拿到材料,最好在周末可提前做好准备,这样他们可以利用课堂 1.5 小时完成一些更实用的任务。对于某些同学来说,最好在课前(至少提前一周)准备好材料。

学习资源区为学生提供了多样格式的材料,包括他们喜欢的多种网络文章、数字化期刊论文、博客文章、播客、视频和截屏短视频。运用各种不同的"声音"(字面上的或者引申意义上的),有助于学生接受具有挑战性的新理论、概念和技术。这些资源确实需要较高学术水平、在庞杂信息的潜能和相关性等方面谨慎选择。课程主讲人声音的变化显得尤为重要,因为不同的专家可用不同的方式讲述相同的故事,而且可以根据不同的背景和动机来处理内容,常常会引入相关且有趣的旁白。这是增加学生参与度、扩大阅读主题范围的好契机。

每周教学任务一般包括带有图片和截屏的 PDF 指令说明,学生据此建立或创建数字化成果资源,如网站配置要素、操作数字化图像、编辑数字视频元素等。这些通常是循序渐进的分步指南。由于每年软件的版本和界面都会更新,随着翻转课堂教学的深入,所带来的任务工作量会增加,因此作者会提早将前一年的辅导材料作为宝贵资源发放给学生以供参考,并在课堂上花费一些时间指明新旧材料间的联系和区别。

3.7 翻转课堂方法的问题

我们有必要提前将大批相关、适度的和有变化的内容上传到 VLE 的每周学板块区域。但是这样做会带来很大的工作量。在学生熟练掌握如何查找与呈现资源之前,乍一看,这似乎有些不近人情。因此,有必要规范内容结构,使得每周学的工作任务在课堂讨论之前已初步理解,同时还需要在课中、课后接触其他的任务挑战。每周学的内容应该对学生有价值,而不是草率地收集各种网页链接和各种格式组合,这样有助于学生分解并加快学习进程。

对学生而言,其实利用自适应发布的每周学辅导任务(使用"回顾复习"按钮)的重要性远不及对其他人(例如内部培训课程的工作人员)所带来的裨益。学生并不知道他们点击"回顾复习"按钮的数据已被教师处理,用于成绩分析。告诉他们这些信息通常会造成一些潜在的不利影响,确实表面上有助于提升材料的使用率和接触度,但是,学生一边玩游戏一边下滑滚动学习资源区,单击"回顾复习"按钮,然后查看已开放的辅导任务,仅仅是为了获得较高的学习参与度。

总之,翻转课堂的优点显而易见,学习材料的互动参与和总成绩之间的关系亦是不言而喻的。因此，任何能激发学生深度参与到学习中的措施都值得努力尝试。理想情况下应该激励学生钻研所有材料，例如每周一次的课堂讨论项目、基于材料深度发掘对维基百科或讨论板进行更新或添加，以及创建学习日志提供某些任务的评估策略等。由于工作量大，这项额外工作没有完成。

我们没有办法提醒学生已读过哪些内容，或者读了几个部分，或者只是简单访问。我们自创版的 Blackboard 软件系统提供了基本数据的接口，但是这些数据很难使用。也许其他的 VLE 系统能更好地解决该问题。

学生很容易偷懒绕开 VLE 系统上呈现的学习资料、工作任务和个人辅导性的解决方案。优等生这样做是为了加快学习进程，而成绩欠佳的学生可能查看内容是否有趣或复杂，或者根本放弃不学。理想情况下，需要有一种机制，鼓励或要求学生开放式探究或参与尽可能多的内容；显而易见，这是工作的不足之处，也是下一步要攻克的中心任务。

期待学生课前预读材料的基本教学模式显然很具挑战性，这种困难在使用的前几周很快地显现出来。这是唯一要求学生课前预读的教学模块（每年 120 学分中唯一一个 20 学分的模块）。对许多同学来讲，这是一种文化冲击，会给他们造成时间管理问题。如果学生心甘情愿，这类问题很容易避免。预读成为两极分化的活动，有些人喜欢获得深奥而丰富的材料，而另一些人则利用系统的可预测性，满足最低要求就可达到他们期望的成绩。如果以这种方式讲授更多的教学模块，翻转课堂的教学法将更加成功。

3.8　个人反思

从每周的 PPT 演示文稿、辅导表单到翻转课堂，工作量巨大，因为需要找到许多新资源，然后评估和呈现以供学生传阅。现有的教学材料以每周的新内容为焦点，但很快就淡忘了，主要是因为我们没有在课堂上展示这些内容。有些学生想看系列幻灯片，有些学生也许并不想浏览。如果 VLE 系统允许，收集这些数据片段也是有可能的。然而，作者的一位同事坚持认为，他的学生更喜欢看他讲课的录制视频，而不是看他的现场直播。因此，将一些 PPT 转换为截屏短视频并嵌入内容页面，然后进行测试以验证该假设是值得的。

寻找有意思的相关材料一直都是很有趣的过程，这主要是因为教师可以不断更新个人知识，也给学生的学习经历带来乐趣和差异。在快速发展的技术领域工作，难题之一是需要及时更新那些快要过时的材料，这是每年都需要认真关注的问题。在每周学习内容的上方有一个“当前热点”栏，该栏链接当前的热点和信息，这可能会很有用。如果按学年划分内容，则将新内容在该文件夹内置顶，可提供往年存档内容，内容实时更新。

每周的所有准备工作都在授课前一周完成，所以，本周教师和学生接触互动的时间轻松得多。这使得课堂上有更多的时间处理即将学到的内容和需要完成的作业，以及在出现问题时参考前几周发布的内容。教师有更多的时间指导学生，提出一些建议并展示说明作业中可改进之处。最后也是最重要的一点，如果课堂上的互动更加有趣、富有创造性，那么教师就能更轻松、更快捷地记住学生的姓名。

本章节涵盖有关课程模块评分和评价、使用数据感知阅读列表、其他辅助性问卷调查以及使用截屏短视频提供作业反馈和评分理据等方面的内容，但却为上述研究发现提供了佐证。虽然这种方法在学生学习方面有了显著改进，但值得期待的是，如每周的辅导课程中加入更多的互动活动，可以获得更好的混合学习体验（游戏化、使用维基、讨论板、投票等方式）。

3.9 结论

翻转课堂教学法虽然只提供了一种呈现学习材料和每周辅导日程表的手段，但事实证明它对学生有益：激励他们阅读学习材料、在实验课上专注好学、提高得分诸如课程模块的成绩。在两个学期提供此类材料的方法是一致的，上半学期（理工科生）的出席率和 VLE 参与度很高，而下半学期（艺术生）的出席率和 VLE 参与率都有所下降。与往年相比，第一学期的平均成绩提高了约 10%，而第二学期的平均成绩下降了约 3%。结论是，创意性内容需要在每周课堂上筹划出更高层次的活动，以提升出勤率，促进学习水平。

每周一次 VLE 系统会合理演示学习材料，使学生获益匪浅。结合教学周的周数和适当的标题，学生可在学年的任何时候轻松地搜索、查阅大量资料。大约四分之一的被试者在一周前已查阅了每周学习的材料，而且许多学生把学习时间分散到了周末和凌晨。

与该被试组的出勤率相比，VLE 的参与度似乎是更好说明学生成绩的指标。如果课程管理制度和惩罚制度允许学生不上课，那么有些同学利用这些便利安排自己的时间，而另一些则决定不学习。

通过单击“回顾复习”按钮就可以轻松、主动地打开每周辅导材料，而无须进行课堂学习。许多人没有走这条捷径的事实表明，有些人显然缺乏参与度。

学习材料为所有类型的学习者提供了丰富多彩的画面，为那些对该主题感兴趣的学生提供了绝佳的实习机会和额外阅读。对教职员工来说，海量的学习和筛选，特别是对网络上大量留言和观点的甄选与思考，不仅提供了身心愉悦、富有内涵的精神活动，更是思维理念的与时俱进。

参考文献

第 3 章.docx

第 4 章

远程授课：从英国硕士课程中学到的经验教训

Jenny Carter 和 **Francisco Chiclana**

摘要：德蒙福特大学(De Montfort University)的“智能系统”(IS)、“智能系统与机器人”(ISR)课程均为理科硕士课程，授课方式有现场授课和远程授课两种。现场授课已经历时十余年，进行得十分顺利，然而，由于这些课程内容包括技术和实操部分，如何设计课程并通过远程教育的方式讲授给学生，仍面临挑战。本章中，我们回顾一些已经被采用的技术，看这些技术是否能帮助我们实现这些课程的远程教学。我们回顾了过去几年来开展这些课程的一些研究，从这些成功的课程中获得经验教训，帮助我们对采用的技术和方法进行推广。更具体地说，在哈德斯菲尔德大学，我们将自己的经验应用到“数据分析”和“人工智能”等新开发的远程课程中。

关键词：远程授课；智能系统；机器人技术；研究生

4.1 引言

德蒙福特大学理科硕士课程有“智能系统”(IS)、“智能系统与机器人”(ISR)这两门课程，教学模式有现场授课和远程授课两种，主要由德蒙福特大学计算智能中心(CCI)的成员进行讲授。课程开发有两大优势，一是教学团队可以利用计算智能中心(CCI)的研究资源，二是能够充分利用教学成员模块交付的天然优势。

通常情况下，有 60 名学生根据他们的学习计划报名参加这些课程，报名分为随时报名和阶段报名。

每个理科硕士课程由 8 个授课模块和 1 个独立项目组成，一个独立项目等同于 4 个模块，每个模块均为 15 学分。理科硕士课程 ISR 项目包括 2 个移动机器人模块，如果学生对移动机器人兴趣不高，可选择数据挖掘模块替换其中一个模块。

第一学期，教师向学生讲授研究方法(RM)模块，以检测学生是否已经具备基本的文献检索技能，以及撰写项目建议书和报告的技能。应用计算智能(ACI)模块让学生有机会选择他们感兴趣的相关领域，并进行更深入的探索。本章探讨了远程授课和现场授课的方式方法。表 4.1 为远程授课模块的交付模式。针对全日制在校学生，第一学期课程安排 4 个模块的学习任务，第二个学期也是 4 个学习模块，并于当年夏天完成独立项目。我们还会调查学生参与这项课程学习的动机，特别会关注他们的想法——课程学习如何影响他们的就业能力。

表 4.1 课程结构

学期	课程
预科课程	导论模块
第一学年第一学期	研究方法(RM)、模糊逻辑(FL)
第一学年第二学期	人工神经网络(ANN)、计算智能优化(CIO)
第二学年第一学期	人工智能编程(AIP)、移动机器人(MR)
第二学年第二学期	应用计算智能(ACI)、智能移动机器人(MSc ISR)或数据挖掘(MSc IS)
第三学年(通常在第三学年,或者顺利完成四个教学模块后)	理科硕士(MSc)独立项目

本章剩余部分的结构如下。4.2 节为理学硕士课程的学习方法,与相关文献相比,探讨课程采用的方法是否与公认的学习方法相符合;4.3 节梳理这一课程在十年教授过程中所汲取到的经验教训;4.4 节对授课课程获得的经验进行总结,将这些经验教训,以同样的方式应用到随后开展的课程中;4.5 节就所做的工作进行概括。

4.2 学习方法

这是在教师内部开发的第一个利用虚拟学习环境(VLE)的远程授课(DL)项目。因此,为了开发高质量的教材,有必要向高等教育质量保障局(Quality Assurance Agency,QAA)等组织和教学文献寻求指导。

在这里,我们对更多详细信息(Carter 等,2015;Carter 和 Pettit,2014)和文献进行总结,以此作为我们的研究背景。正如 Kolb(1984)所述,许多模块采用体验式学习,这是显而易见的,特别是通过评估模式,鼓励学生不断探索自己的想法,并尝试用不同的方法来解决问题。这一论点也得到了联合信息系统委员会(2010)的支持。所有模块材料都被置于虚拟学习环境(VLE)中,模块材料在 Blackboard 上书写,课程负责人确保所有模块的外观一致。

高等教育质量保障局(QAA)向高等教育课程的开发人员发布《QAA 质量标准 2014a,b》执业守则。这些标准帮助开发人员进行本科和研究生级别的教材开发工作。与此同时,质量标准还为灵活和分布式学习提供了具体的指导信息。随着技术和思想的日新月异,质量标准实时更新,对新课程开发无疑是最佳的初始研究资料。针对理科硕士课程,在很大程度上我们都是依靠这些信息和资料指导我们开发课程。对于接受远程授课的学生,众多建议中最重要的一条,就是需要充分吸收他们的反馈意见。

反馈中,最为有效的方式就是使用 Blackboard 上的讨论版块。除了应用计算智能(ACI)模块以外,所有模块都嵌入讨论版块功能,其参与活跃度占 10%。在讨论版块中活动参与的相关度和及时性会得到对应的分值。讨论版块每几周就会举行一次简短的活动,要求学生发表自己的想法或者建议,以此作为反馈。在活动举行的这一周,或者在后续一到两周内,讨论版块中这些反馈会被持续公布。这样做的目的相当于对全日制在校学生在实验室阶段或辅导活动阶段的一种反馈,尤其当学生在这两个阶段出现明显理解错误时给出反馈。例如,在模糊逻辑模块中,讨论版块第一周的活动要求学生简要解释模糊隶属度等级为什么不能与概率混淆(一个常见的误解),并且需要给出一个说明性的例子。课程辅导教师每周花费不到一个小时的时间,对讨论版块中所有公布的反馈信息通读阅览,反馈信息如果没有其他问题,每条信息会标注上“好”或“很好”。一旦发现学生反馈中存在对模块教授内容的错误理解,辅导教师可以及时发现,并向学生提供更详细的反馈信息予以解释。我们发现,讨论版块活动中的分数奖励环节(模块课程结束后评定)激发了学生的学习动力,随后学生们开始习惯分数奖励的模式,并开始彼此回帖,进而增进了彼此间的关系。这一活动可以帮助辅导教师熟悉学生如何写作和开展工作,还可以帮助标注出存在的其他潜在问题。

我们同样认为,对任何评估总结工作而言,提供建设性的及时反馈十分重要(学校有三周的反馈回复期)。使用电子手段评分要比以前要求纸上评分的速度快得多,现在已经成为所有模块使用的通用标准,覆盖许多大学几乎所有的课程。Clark(2008)、Nicol 和 Milligan(2006)、Wiggins(2001)建议,确保高质量的反馈是另一个重要的考量条件。这也是我们的目标,反馈应该是解释性的,当出现错误理解的时候,被评估的工作就应该给出解释性反馈。研究表明(Clark,2008),解释性反馈可以加强学习效果,而且易于操作。我们之前对此做过阐述(Carter 等,2011)。此外,我们还听取了高等教育质量保障局(QAA)进一步给出的建议,尽可能不去高估我们的学生。

我们首次从 Goodyear 等(2008)那里了解到网络学习的理念。网络学习使用通信技术,促进学习者与他们的教师以及学习者与他们的同学之间的联系。前面提到将讨论版块嵌入每一个课程模块,部分模块负责人已经将一些其他机制嵌入他们的课程模块(例如,在神经网络课程模块嵌入同伴互评)。其他诸如此类的应用还有博客、维基百科,并且模块课程还会建一个 Facebook 小组。博客通常用于监控项目类型工作的进度(例如应用计算智能模块和独立项目整体的完成过程)。维基百科则带有组织性的目的,例如为演讲或口试预订时段,同时也作为一种分享发现的方式。例如学生设计制作的海报或幻灯片(有时带有声音)可上传至维基百科,以便所有学生观看。我们如果把选择通信技术的决定权交给员工,就会呈现出异彩纷呈的选择方式和方法。有人使用 Skype 实施远程会议,或者使用虚拟学习环境(VLE)中的通信方式和方法实现演讲和口头会议环节。

近年来,德蒙福特大学(DMU)采用了一种被称为通用学习设计(UDL)的方法(官网见:www.cast.org)。通用学习设计(UDL)的目的就是要推动发展适合所有学习类型的学习资料。通用学习设计(UDL)的提出,部分是因为“残疾学生资助计划”中有特殊教育需要的学生,然而政府取消了之前给他们提供的残疾学生资助津贴,例如有阅读障碍的学生需要在课程学习中记笔记。通用学习设计(UDL)认为,自然学习者具有可变性,这是规律,而非例外。这一理念要求对课程模块进行初步审查,检查学习材料的关键基本要求,并且确定学习材料的评估是否符合通用学习设计(UDL)的标准。理科硕士的远程授课(DL)课程开发非常仔细认真,几乎所有的课程模块都满足通用学习设计的标准,初步审查一次通过。推动通用学习设计(UDL)的遵从性原则,为学习者提供多样性服务,同样也提高了远程授课(DL)资料的质量,并做到了因材施教。

下一节将讨论在设计和交付此类课程过程中得到的经验教训。

4.3 经验教训

为了了解更多学生对这门课程的看法，Carter 等(2015)做了一项研究，收集并分析学生们对课程的想法和看法。以前的研究结果表明，大多数远程授课(DL)的学生在学习中并没有感到孤立，这一点颇令人欣慰，这也是课程设计的一个重要目标。此项研究还有另一个有趣的发现，许多学生是在职状态(通过远程授课)来听课，有些是为了增强他们的职场竞争力，发掘新的职业方向，但是大部分远程授课的学生则是想通过课程学习来提升自己现有的工作能力。值得注意的是，有相当比例的学生是为了进一步提升学术研究能力而学习。

从技术角度来看，一些课程模块在设计交付时已经凸显出一些实操问题，并且随着时间推移也在发展变化。例如，移动机器人模块最开始要求为所有注册该模块的学生准备一个乐高机器人。随着课程人数增长，以及学生所处位置的分布越来越广泛，这一要求变得不切实际。我们还发现，当我们想简化这一要求，通过亚马逊订单向学生统一发送乐高机器人时，亚马逊发货范围并不能覆盖全世界所有区域，所以，我们采用统一订单发送的方式也只能作为临时策略。近来，两个机器人模块都使用了模拟软件(之前，模拟软件只用于智能移动机器人模块)，软件为开源软件，这就意味着所有学生都可以使用模拟软件。这样做的优点是，学生们可以开发更复杂的机器人模拟，然而他们不一定能用乐高机器人实现这些模拟程序。Coupland(2010)进一步讨论了机器人模块的方法。一些学生打算进一步学习机器人课程，如应用计算智能模块或者课程独立项目部分，他们自行购买了机器人，并且将技术应用于实际中。在此之前，Carter 和 Coupland(2014)曾对机器人模块的交付做过相关报告。

现在，大多数模块均可使用开源软件，但仍有一些专业软件需要学生取得授权后方可使用。在这种情况下，教师为学生支付许可证费用，方便他们在自己的计算机上下载并安装软件。“应用计算智能”(ACI)是另一个被成功应用的课程模块。模块占比 15 学分，之后是 60 学分的独立项目模块。评估“应用计算智能”(ACI)课程需要学生们调研自己感兴趣的领域，并利用他们在其他模块中学到的技术，自己开发出一个人工智能解决方案。这个模块实际上是一个小项目，实操该项目为学生后期完成 60 学分的独立项目模块奠定了基础。调查结果显示，一些学生把在应用计算智能(ACI)模块中所做的工作延伸到他们的独立项目模块。甚至，还有一些学生，把从应用计算智能(ACI)模块中获得的想法和灵感进一步延伸到自己的博士项目工作中。应用计算智能(ACI)模块课程的作业要求学生使用 IEEE 会议模板，将作业写成报告。如果学生的作业完成质量非常好，且包含一些创新性元素，则会被写进论文，在会议上发表。这种课程模式特别受学生们的青睐，增强了学生们的自信心，使他们的工作变得更为有效。学生如果想要成为研究员，在会议上做展示和演讲，或者与其他演讲者进行交流，这些课程材料还可以作为他们的第一手培训资料。

为了找到更为有趣的方法，鼓励参加现场授课和远程授课的学生相互见面，我们为学生们提供了一些可选活动项目。首先，邀请所有参加远程授课的学生来莱斯特(德蒙福特大学所在地)参观，也欢迎他们在来访时参加时间表上罗列出来的各项会议议程。为数众多的学生都是以这种方式参加活动项目。其中一个来访最频繁的学生住在加拿大，但是因为商业运营的关系，他来到了欧洲，所以经常参加德蒙福特大学的活动项目。我们几乎每年组织另外两次访问活动，这些活动的部分经费由德蒙福特大学提供。我们举办过机器人竞赛，也称作机器人挑战赛。最初，这个活动的常驻举办地在维也纳，我们通常每年带6名左右的学生参加比赛(包括现场授课和远程授课的学生)。机器人挑战赛的规模越来越大，现在每年都在不同的地点举行，像一场盛会。如果学生们有意愿，参加应用计算智能(ACI)模块课程的学生也可以自行组队参加机器人挑战赛。由于应用计算智能(ACI)模块课程的任务是独立的，所以学生负责项目中不同的部分，并撰写各自独立的报告。这种模式非常奏效，因为至少会有一组学生参加比赛，有些时候甚至更多，学生也非常自愿参加比赛。

我们还经常参加另外一项活动，即每年12月在剑桥大学彼得学院举行的英国计算机协会(British Computer Society，BCS)人工智能专家小组(SGAI)会议。这个活动也受到了参加现场授课和远程授课的学生们的欢迎。偶尔会有一个学生向会议提交论文，并发表论文演讲；除此之外，学生们还参加研讨会，会议中对网络发展的多种可能性探讨让学生们受益匪浅。

4.4 建议以及进一步的发展方向

从本课程的发展和实际运用中学到的经验可以总结为一套适用于新课程的指导方针。在本节中，我们将提供指导方针，并考虑如何将这些指导方针应用于哈德斯菲尔德大学新的理科硕士课程开发：数据分析和人工智能。

所有的大学都有自己的质量保证(QA)程序，这些程序通常非常相似，那么新课程指导方针的应用背景则依照质量保证程序进行。这些通常包括来自营销团队对课程作出的预期，以及课程的受欢迎程度。

(1) 与行业和研究相关的内容——该学科的行业与研究前沿。

(2) 具有专业知识和兴趣的敬业团队。

(3) 充分利用高等教育质量保障局(QAA)和联合信息系统委员会(JISC)提供的宝贵资源和建议。

(4) 支持灵活的交付方式，可以帮助教工提高工作积极性和忠诚度。

(5) 支持学生灵活的沟通方式，即时更新建议，参见 https://www.jisc.ac.uk/guides/technologyandtools-for-online-learning。

(6) 支持学习进度的灵活性(例如每年课程模块的数量)。

(7) 讨论版块有助于激发学习动力，包括远程授课和现场授课两种模式。

(8) 远程授课和现场授课两种模式彼此之间实现授课材料共享和交付，因为两者之间可以互补。

(9) 不做举办会议和竞赛的承诺，但是创造各种机会让学生选择参与会议和竞赛。

(10) 鼓励学生出版自己的论文和资料。

(11) 为了调动学生的兴趣和积极性，允许他们在设计作业时发挥创造力——许多人喜欢将其与自己的工作、兴趣或愿望联系起来。

(12) 寻找有趣的、与主题相关的、成本低廉的方式帮助学生们见面。

哈德斯菲尔德即将成立一个新的数据科学研究所，这为我们奠定了雄厚的人力资源基础(就如同德蒙福德大学的计算智能中心)，因此可以开发一门与此模式相同的课程。

因此,我们计划开发一个"数据分析"理科硕士课程,将于 2019 年 9 月交付给参加远程授课和现场授课的学生。同样,现有的研究小组 PARK(规划、自主和知识表示)将为新的人工智能课程提供知识和研究基础。

4.5 结论

本文描述了理科硕士课程"智能系统""智能系统与机器人"。这两个课程有现场授课和远程授课两种模式,我们经常使用这两个课程作为范例,从而发展了硕士课程,并促进了使用相同模式的课程的进一步发展。

远程授课是一个热门话题。许多可行的机制可以帮助学生进行在线互动,可选的方式和方法也很多。本章描述了一些用于交付学习材料的方法,以及评估和反馈的方法。这些方式方法非常重要,可以支持在线学习进一步发展,无论是对可行的技术进行尝试和测试,还是应对远程授课和电子教材交付过程中出现的教学问题。

大学对理科硕士学位课程学习材料开发的方式和方法不断加强,我们应当接受通用学习设计(UDL)。因为通用学习设计(UDL)能够促进教学实践良性运行,为远程授课方法提供裨益,并且为广大受众提供高质量的教学资料。

德蒙福特大学的课程十分成功,而且具有可持续性。随着技术的发展和内容的频繁审查,课程的交付机制不断改变,保证了内容的时效性。多年的经验教训为德蒙福特大学的其他课程提供了模板,我们希望将这些想法推广给其他机构的学者,因为我们相信这些想法值得重复使用。

对于其他想要开发类似方式授课课程的开发人员,我们提供了一份清单。哈德斯菲尔德大学理科硕士课程"数据分析"的开发也可以应用此类开发方式。

参考文献

第 4 章.docx

第 5 章

计算机科学教师的学术诚信教训

Thomas Lancaster

摘要：对于计算机科学教师而言，坚持学术诚信意味着在实施教学和评估过程中以一种向学生传递诚实、信任、公平、尊重和责任等积极原则的方式进行沟通。与此同时，教师必须采取措施让学生看到学术不端行为是站不住脚的。也就是说，教师必须了解学生可能会犯的错误，包括抄袭、学术造假、“代写代考”服务、考试作弊和研究欺诈等行为。教师需将措施落到实处，给学生参与这种不可接受行为的机会作为试错。本章主要从计算机科学教师应具备的知识出发来探讨学术诚信。这一话题变化莫测，因为颠覆学术诚信的新方法总是层出不穷，尤其是计算机科学领域，许多学生具备开发新技术所需的技能与手段，为学术造假提供便利的新途径。因此，本章建议教师从一开始授课时就积极关注学术诚信，如以身作则开展评估，减少学生轻易作弊的机会等。这也意味着教师贯彻落实学术不端行为的检测，即使不端检测本身是旨在预防学生作弊的措施，是因为作弊很可能被抓。

关键词：学术诚信；学术不端；剽窃；“代写代考”服务

5.1 引言

学术诚信指的是一种积极的行为，即学生会充分利用提供给他们的学习机会，尽最大努力去完成评估，富有成效地参与校内教学科研活动。这有助于理解道德框架的一部分，也是从学生成为专业人士的必经之路。学术诚信常常与其相对的负面信息同时出现，即学术诚信意味着学生不能欺诈、作弊。因此，学术诚信的理论研究和教学实践与学生的不端行为密切相关。

对于计算机科学的教师来说，如何讲授学术诚信的原则颇有挑战。行业实践要求学生具备团队合作经验。软件研发通常需要重复使用现有的代码库，学生需证明自己擅长使用在线资源，用来熟练解决编程过程中遇到能力不足的问题。因此，在各种教学和工作环境中，学生应该把握“可为”与“不可为”之间的界限和差异。

同样，计算机科学教师必须和学生一样，遵循学术诚信的原则，约束自身行为。这意味着教师应以身作则，抓住一切机会为学生设计学习资源，消除学生偶发学术不端的行为。教师亦应确保，当发现学生出现学术剽窃或者违反学术诚信行为时，会采取相应的惩罚措施。

本章主要针对计算机教学的学术诚信，提出一些实践性的构想和倡议。首先，简单介绍学术诚信的术语和面临的挑战；其次，也是本章的重中之重，主要阐述三个具体问题：①向学生介绍学术诚信的重要性；②让学生参与到学术行为评估的实践，降低作弊诱惑；③检测何时违反了学术诚信。学术不端检测本身虽然某种程度上有悖于将学术诚信视为一套积极、正面的优良品德,但它依然是必要的、预防学生走向不端的手段。因为对于其中一部分学生而言,他们获得了本不该得到的资格,却以牺牲其他学生的努力为代价,这显然是不公平的。

本章旨在供所有希望在教学中践诺与改善其学术诚信的计算机教师使用。本章内容针对所有经验丰富的教师,并且期许能推广到计算机学科之外的其他领域,特别是以实践和产业为主导的学科。

本章并未提供所有观点的信息来源,例如,它包括诸多当下对评估设计的标准思考和建议。这些观点在本章参考文献以及作者的其他论文中有所提及,但很难将这些归属于某个单一确定的权威来源。相反,本章旨在以简洁的形式整理相关信息,所以适合作为现代计算机科学教师的入门级读物。

5.2 计算机科学的学术诚信

示范性学术诚信项目(2013)将学术诚信定义为:在学习、教学和研究过程中,以诚实、信任、公平、尊重和责任的价值观行事。学生、教师、研究人员和专业人员必须诚实做人,对自己的行为负责,并在工作的每个环节公平行事。学术诚信对个人和学校的声誉至关重要,因此,所有学生和教职员工应成为他人工作和学习效仿的榜样。

该定义颠覆了传统学术诚信的呈现方式,即简单地告诉学生不可以做什么。而以上这些定义为学生提供了一套在其学术生涯中遵循的价值观。它进一步指出,该价值观平等地适用于包括教师在内的每一位参与教育的人。

尽管有人试图将研究重点放在学术诚信积极的层面,但对于学生所观察到的不当行为如不加以指出的话,任何有关学术诚信的实践性文章都是不完整的。这类行为统称为学术不端行为,通常被认为是学生作弊的简单方法。

表 5.1 总结了几种违反学术诚信的类型,这些方法与计算机科学最是紧密相关。

表 5.1 计算机学科学术不端类型

违反学术诚信的类型	描　述
剽窃	学生在没有获得授权的情况下,使用他人的话语或想法。源代码剽窃是计算机科学中一个特殊的问题,即程序代码以涉嫌非法的方式(不可取的方式)被复制或重用。与此相关的领域是论文撰写,学生使用自动软件,例如语言翻译软件,来掩盖作品抄袭,避免查重被发现(Lancaster 和 Clarke,2009;Jones 和 Sheridan,2015)
共谋	在评估作品的制作过程中,两个或两个以上的学生紧密合作,超出了可接受的合作水平。当两个学生由于密切合作,各自提交的作品达到相同或非常相似程度时,这也代表了一种剽窃形式
"代写代考"服务	学生以某种方式,利用第三方提供的服务来完成(教师)对其自身工作任务评估的行为(Clarke 和 Lancaster,2006)。这通常涉及以收费形式达成各方利益的交换。最初发现的"代写代考"服务主要与计算机科学技术作业的外包有关,包括程序设计,也涉及书面工作,如报告等。一些"代写代考"服务是通过"论文工厂"提供便利服务,这些在线公司在学生的考核过程中为其提供考核不允许的一些原始的定制材料

续表

违反学术诚信的类型	描　述
考试作弊	学生试图在考试中获得不公平的优势，例如通过查阅藏匿的笔记或与场外人员隐秘交流。这种行为包括冒名替考，即第三方以他人身份与本该在考场的学生交换位置实施冒名替考的行为。这可用于面对面或在线考试。冒名替考的形成机制包括让替考者伪装成将要参加考试的人，另一个促成机制是学生身份证明被篡改，这样第三方就不会引起人们的怀疑
研究欺诈	研究的结果和结论被退回是因为缺乏可验证的证据支持。这可能包括学科研究中的主观故意错误，例如，在研究方法中滥用或忽略数据。这也包括在未规定的道德框架内行事，例如捏造数据，不收集可靠的数据，相反选择那些利于学生期待的结果或结论而生成的数据。在计算机科学中，这可能是学生课程项目阶段遇到的问题

表 5.1 中的定义并不能为违反学术诚信的行为提供完整列表。只要新的教学和评估方法不断发展，作弊手段就变化多端，这样列表就永远不可能完整。学术不端行为可能包括任何旨在使学生获得有失公允的便利活动或行为，包括学生使用一些技术手段获取试卷副本，或入侵计算机系统更改得分的情况。另外，还有一些领域，教师对构成学术不端行为的看法不一致，例如学生使用药物增强剂(利于学习的药物)时，旨在使其精力集中并能保持更长时间，从而获得比其他同学更高的分数。

在某些领域也可能违反学术诚信的原则，虽然不是故意为之。例如，学生学习能力不足有可能被误判为抄袭。他们可能误解某些研究方法或错误地处理数据而被算作学术欺诈。这就是为什么对学生进行学术诚信的教育和支持学生自我践行是重要的。东窗事发才想到解决学术不端这个问题已为时晚矣，这是因为很难分辨出这是有意还是无意的行为。

适当了解什么是剽窃以及剽窃行为的认定是可取的，这有助于教师将这些知识扩展至其他领域的学术不端行为。许多评论家将学术不端行为的激增与借助网络手段剽窃、抄袭等行为的盛行联系起来(Austin 和 Brown，1999)。而对于这些伴随着互联网成长起来的高校学生，他们对信息价值和所有权的概念可能与他们的导师不同。

从事计算机科学教育的教师必须要清醒地认识到，学术不端行为会越来越明显。例如，对"代写代考"作弊的研究揭示出，在计算机科学领域内把需要考核的项目任务进行外包的现象越来越普遍(Jenkins 和 Helmore，2006；Lancaster 和 Clarke，2007)。涉及技术工程类的作业，特别是那些并不要求英语熟练度的作业，可以外包给全球市场，其成本也维持在学生通常可以接受的水平。而那些外包研究项目通常是对学生最终获得学位起着重大作用的考核，涉及项目终结考核、项目阶段评估，以及那些要求学生进行个人反思的任务等。

考试可能会消除一些与课程作业有关的学术诚信问题，但是考试本身也容易出现"代写代考"作弊的问题。据观察，考试的时候学生付费以借助第三方为他们提供无处查证的非法帮助(Lancaster 和 Clarke，2017)。也有学生找人冒名替考。随着计算机科学在线课程的普及，研究发现这类课程似乎特别容易出现违反学术诚信的漏洞，这意味着必须特别关注此类在线课程的设计和授课方式。

5.3 学术诚信原则的传授

在计算机科学课程的学习过程中，教师应传授获得学术成功的必要手段和技巧。这包括帮助学生加深对自己学习过程的理解，同时牢记学术诚信。对于教师而言，必须教育学生遵守学术诚信原则，即便是偶尔的学术不端行为也决不能姑息。

学生来自不同的文化、教育环境和社会背景，所以教师要求每个刚入校的大学生对什么是学术诚信，学术诚信为什么重要，以及如何诚信行事等达成共识显然是不可能的。

这意味着课堂传授学术诚信的必要性，这种教育需涵盖两个要素。

首先，学生需要了解什么是学术诚信，为什么这对他们的学习至关重要，以及学术诚信价值观与日常生活有何关联。

其次，授课过程中，教师需要向学生展示他们需要学习的实用技巧。这些必要的技巧能避免学生出现学术不端行为，并培养他们对他人成果的尊重等。

和许多学科一样，学术诚信不是一门只教一次就可以束之高阁的学科，它需要反复教学和提醒。教师可以采用这种模式进行教学，在课程的早期，适当向学生介绍概念，并为学生创造一些契机，就如何利用文献材料进行形成性反馈评价之际，可对他们实施学术诚信教育。在整个授课过程中，教师应贯彻并强化这些概念，针对学生研究的课题和不同的学习内容提供特定信息。

例如，刚进入大学时，教师应该尽早教会学生查找和引用参考文献等操作技能，探究重视信息所署权的重要性，以及包括从未经授权认可的渠道获取信息可能给他们的学习生活带来的不良后果。在职业生涯中侵犯知识产权将会面临被解雇的下场，亦导致所在公司受到起诉。

在学生学习过程中教师可在恰当的时间节点与学生讨论学术不端的其他类型，以及这些不良行为如何出现。例如，学生参加作弊风险较低的测试之前，教师在课程刚开始的时候应与学生探讨正确的考试行为以及考试成功所需的技能。在计算机科学中，考试成功的概念也可以与专业考试相关，如计算机行业的从业证书。这些可能是学生大学毕业后乃至整个职业生涯必须参加一些考试。

引入关于“代写代考”服务的讨论可能会更加困难。一些教师认为所有学生都已经知道这是错误的做法，但是这种观点并没有考虑学生文化教养的差异。在有些文化中，教师告诉学生可以引用专家的话，甚至还希望学生这样做。也有学生明知故犯，仍在寻找“代写代考”服务。一些学生持有反对意见，他们认为信息一旦通过购买获得，就应属于他们，这样的观点还需要大家公开探讨。

什么程度的外部帮助是可以接受的？人们可针对这一富有挑战性的话题展开更广泛的讨论。这个程度是非常重要的分水岭，当教师为学生就业做准备时，即便是培养计算机学科的团队协作能力，仍坚持学生需要通过个人努力获得学分完成学业。

学术诚信讨论也需要在个别学科层面进行。有些练习对有经验的程序员来说微不足道，但学习入门级编程的学生需证明自身已掌握了基本的编码概念，如果从现有的在线代码库中提取代码片段来解决一个简单操作字符串的练习，对初学者来讲显然是不合适的。因为一旦要求学生证明已筹谋好职业编程生涯的准备，他们对这门学科的期望可能会有所不同。这种情形下，学生如果展示他们能找到并可反复使用现成的代码片段，也是可取的。

当学生需要借助一些资源来完成学校对自己的考核时，情况可能会更加复杂，但是资源本身并不是被检查的关键内容。例如在一个网站开发评估中，学生希望通过使用现有的艺术作品来改善他们网站的外观，而实际上教师评估的是他们的编码技能。遇到这种情况时，学生需清楚地了解教师对他们的期望是维护学术诚信。

对于计算机科学，Simon 等(2016)建议在作业要求中明确规定学生可以做什么，不可以做什么。这包括详细说明可以接受或利用哪些服务，不可以使用哪些资源；在考核上，哪些层面可为，哪些不可为。作为拓展考核管理机制的一部分，与学生在这样一份清单上达成一致是可取的，这也有助于学生群体对所做的决策拥有一定的自主权。

教师需要让学生明白，在学术不端的环境下，不是没有受害者。学生利用不诚实的手段取得“进步”，其成绩会比努力学习的人要高。作弊的学生甚至可以得到一份他们本不应该获得的工作，这会让诚实的学生失去这份工作。因此，学术诚信对在高等教育领域内开展活动的各方至关重要，教师和学生应该对此通力合作、达成共识。

5.4　学术诚信评估

学生和教师都有责任确保在考核过程中保持学术诚信。正如本章已讨论过的内容，学生需要理解完成自己本职学习和工作的好处，并尽自己最大努力做到这一点。同时，学生还需要具备取得成功所需的学术技能。

教师在考核过程中负有更大的责任，这是学生认为在他们教育经历中很重要的部分。教师需要完善考核制度，以减少学生非蓄意违反学术诚信的机会。他们还应努力减少任何促成学生作弊的可能性，如果学生自认为可以轻松逃脱惩罚，自然会选择作弊。这可以通过重新思索考核过程或重组评估流程，或者通过消除作弊可能带来的任何好处来实现学术诚信。

通过增添考核的趣味性，可以提高学生对考核的兴趣。但是该机制因学生群体的不同而操作的手法不同，因此必须要与学生就此合作。例如，某个特定的学生群体可能更喜欢考试而不是课程作业，更喜欢小组评估而不是个人评估，或者喜欢实践任务胜过书面任务。教师应尽量与学生共同设计考核机制，这样认定的评价体系有利于培养学生的主人翁精神。

某些情况下，学生单纯地认定考核评价只是他们必须跨越的障碍，而并非懂得这是衡量进步的阶梯，与学生合作制定考核过程有助于传达这一信息，向学生佐证形成性评价是有益的，会带来回馈，特别是在计算机科学领域学习计算机编程，学生需要逐步培养新的技能技巧。

教师应该不断完善考核制度，这样学生就不会重复使用同种作弊手段通过考试。简单来说，可以在一个科目中设置两种不同类型的考核方法，如课程大作业和考试。学生需证明自己兼具两种能力。在这种特殊情况下，抄袭了课程作业却没有被抓到的学生还需要找到其他作弊方式，在监考的考试中蒙混过关。除了使用多种评估方式让学生参与外，这还减少了作弊的获利性，因为学生完成规定的学习内容都要经过考核。

特别是教师担心“代写代考”情形下，课程作业评估的监督工作也很有效(Lancaster 和 Clarke，2016)。这包括笔试和实践测评，还有学生课程作业讨论的监评记录、课堂汇报、口头考试、行业编码面试和产品演示，这里可以有很多具有创新性的评价手段。

就业能力的考核也值得考虑。例如，可以使用更真实的教学情景和考核形式，模拟工作环境，学生在办公时间从事分配的项目，记录外部客户端提出问题和开发解决方案。当学生期盼拿出专业方案，并在履历表上展示他们在课程学习中获得的多种新技能时，这种考核很有价值。

教师在进行考核时，确实需要谨慎权衡几个要素，即鼓励学术诚信、降低学术不端行为、满足行业要求和在工作量饱和或过量情况下自身管控评估流程的能力等。例如，一次单独的口头考试可能是验证学生是否理解该门课程的好对策。尽管具有这样的优势，出于公平性考虑，为大班所有学生实施口语考试，其需要的时间使得这一想法不够现实。即使所需的时间不是问题，仍需考虑公正性评价的问题。例如在口试过程中，可能先考的学生相比于后考的学生处于不利地位，因为后考试的学生有更多的时间做准备，而且他们有可能被问到先考试的学生回答过的问题。当使用一个庞大的考核团队时，流程的一致性可能面临挑战。

教师可能会做出让步，这是值得提倡的。教师们共同努力，确保该课程整个年度都有不同的考核方式，并在考核过程中采用了维护学术诚信的措施。例如，传统计算机科学课程第一年考核的关键是核心程序设计和数学科目，这些课程是未来几年取得成功必要的知识储备。亦可设置一个年终口试，将不同学科的技能汇集在一起，旨在检查学生是否了解这些不同的领域的技能是如何整合在一起的。同样，口试中教师可群策群力，确保整个考试流程的可控性。针对主要的教学模块，如代表学位制高点的最后一年的学生项目，可以额外设置学术诚信考核点。

另外一种考核方案是结合一些良好的实操建议，教师可用多个要件构建这个框架，并将它用于计算机编程模块的考核，类似的方法也可能用于其他科目的评估。首先，像往常一样，学生如修完一门课程，需要设计开发一个编程问题的解决方案。然后，在规定时间内，他们需参加一次实操考试，要求他们修改自己已提交的程序编码。这种考核方法要求学生熟悉他们的编码，降低作业外包或使用其他作弊手段应对教师的可能性。即便是学生在课程学习过程中做出了学术不端的选择，但是他们仍须掌握该实践课所需的编程技能。学生应认识到，在课程学习阶段中不花力气对他们有百害而无一利，因此应鼓励他们端正态度专注于考核评估。

本节这一部分大多示例都集中在课程作业考核上，但是考试容易引发学生作弊，口试亦如此，学生可能会提前获得一组标准化题目，考场外也可能有人能通过隐藏的耳机给考生提供答案。教师使用的一些考试方法本身也是有问题的，例如，考题从以往的考卷中抽取的，或者与样本试卷中提供的试题相匹配，这些学生完全可以拿到。这将使考试只测试记忆技能，而不是专业能力。因此，教师需要不断意识到自己的实践可能导致学术失范或学术不端的行为。

精心制定的考试程序可进一步维护考试中所体现的学术诚信。规定学生使用的设备，提供一些不能篡改试卷的设备，如钢笔和计算器，在实际考试场景中安装监控并记录，确保所有试题都是原创的，并通过严格的质量检查和审核过程。除此之外，所有考试配备监考人员，学生因担心自己作弊会被发现，从而消除学生们投机取巧的作弊心理。

5.5　检测违反学术诚信的行为

教师需要意识到，检测工具和惩罚措施不是解决挑衅学术诚信的唯一方法，但它们可以用来辅助其他方法。当学术诚信遭到破坏时，这些工具可为教师的认定提供一定的保证。目前有许多用于检测学术不端或失范的软件工具，必须选择适合不同情况的最佳工具。但是软件不是绝对无误的解决方案，因为学生总能找到工具检测不到的方式去作弊。学生们会在网页上通过视频和社交媒体的帖子分享预防检测技术的最新办法。

检测传统剽窃形式的工具或手段被公认是一个发展成熟、系统完备的领域，这些工具可对各种编程语言中的源代码的文本字符进行查重，以及专门技术领域中的文本信息内容进行查重，例如电子表单或数据库。这些工具对学生提交的材料进行标记，以便教师进一步手动核查。例如，学生提交的书面材料中部分内容与互联网匹配源的相似度高。但是工具查重的结果并不能直接被定性为剽窃，所以还需要人工判断。工具出错有多种可以解释的缘由，例如，两个文档表面看起来相似度极高，但很可能只是正常引用了同一篇文章。

尽管剽窃检测工具已经很成熟，但是用于检测“代写代考”的工具还不容乐观。有迹象表明，学生转向第三方写手、程序员和其他承包商，正是因为他们提供了原创作品，不太可能使用当前的检测手段发现剽窃的端倪。

目前最好的建议是，教师用敏锐的眼光和质疑的心态来应对学生课程作业的评价，是否除了学生之外，还有其他人参与完成了这一项课程作业。对于了解学生能力或写作风格的教师来说，查看文档属性这样简单的核检颇有用处，因为可能在文档的创建日期和作者姓名上发现疑点。

一些可以用来支持自动检测“代写代考”的技术让人们充满了希望。通过检查，可以发现学生这一次的写作风格是否与下一次考核表现保持一致。人们已经实现了部分工作的自动化检测(Juola，2017)。类似的技术也可以用来检测学生的编程风格在不同的练习中是否保持一致。有人建议，可以从学生提交的材料中提取上下文信息，这有助于开发检测“代写代考”的人工智能系统(Lancaster 和 Clarke，2014)。还可以分析学生的成绩档案，以确定学生在哪里出现了不一致的情况，这很可能表明学生接受了外部帮助(Clare 等，2017)。

使用工具来检测学术不端行为是学术诚信完整过程中不可或缺的重要组成部分。检测工具的使用可以真正体现学术成果的价值，是对那些几十年如一日恪守学术诚信的学生的保护，对他们获得的资格给予应有的尊重，这都说明了人们应严肃对待学术诚信。此类工具的存在及其应用也对学生产生了威慑作用，由于存在可能被抓住的风险，从而打消学生作弊的念头。

调查显示，如果学生违反了学术诚信的条例，那么遵循公平、透明和一致的原则显得尤为重要。这意味着在同种情况下，对所有学生一视同仁，这样可以确保高等教育宏观大环境中信守学术诚信的基本原则。如果公平的考核程序认定学生违反了学术诚信，则学生必将承受应有的后果，例如首先按照公平合理的惯例对学生进行处罚，然后还需要对该生做出后期的安排。

同样，用于检测剽窃并惩罚学生的检测系统软件也可以发挥出积极的一面。例如，剽窃检测软件以一种形成性的方式引入，允许学生发现自身是否无意中表现出不良的学术表现

(Halgamuge,2017)。这种形成性的,这个过程为学生提供恰到好处的帮助,而不是惩罚他们。例如,当学生的草稿接受软件检查,发现部分内容包含一些剽窃的文本,学生可以得到外部支持,告诉他们如何撰写致谢和正确引用参考文献等。这有助于学生避免在总结阶段出现偶发的学术失范行为。

5.6 结论

对学术诚信的理解包括如何向学生推广学术诚信的原则,以及如何持续恪守学术诚信,这对所有计算机学科的教师至关重要。计算机科学教育领域需要学术诚信,本章概述了当前的思想和一些观点,算是抛砖引玉。

当学生作弊时,许多人会认为他们是在冒险以换取潜在的回报。对于这样的学生来说,作弊能给他们带来某些好处,如通过某项考核或者获得他们原本达不到的高分。一旦违反学术诚信的行迹败露,他们知道将会面临什么样的处罚后果。

有些学生作弊是因为他们不知道如何取舍会更好。应该确保学术诚信的教育和提供支持的教学活动计划是所有学生学习的核心内容,这样方可减少这种风险。

其他学生作弊是因为他们害怕考试不及格,并认为他们的不端行为不会被发现。精心的教学设计和缜密的评估过程可以降低学术不端的风险。

有些学生之所以作弊是因为他们看不到所教内容或者考核内容的价值。通过教师开发引人入胜的教学和结合真实案例的方法来降低这种学术失范的风险。

在计算机科学中,有些学生有实力完胜考核,但他们只是想证明自己能够成功挑战检测系统。这是一个在计算机人群中长期存在的、明显的黑客心理。没有单一的解决方案可以阻止这种情况发生,激发学生兴趣并使他们积极参与学习,是才解决问题的关键。

之所以提出学术诚信,不仅因为它是一个亟待解决的问题,尤其当学生技术精湛,而且那些走捷径获得成功的助力工具层出不穷、千变万化时,更无法完全确保做到这一点。毕竟,学生们正在使用十年前闻所未闻的作弊手段。但是计算机学术领域面临巨大的机遇。这些学者有机会站在未来学术诚信研究的前沿,比常人掌握更多必要的技术手段从事目前的研究,如剽窃检测、“代写代考”或论文变相抄袭的检测。

可以通过使用各种评估类型(包括工作模拟)来支持计算机科学领域内的学术诚信。尽管专业机构授权的行为准则之类的文件提供了一般性的指导原则,但并非每一种职业都有相同的诚信观。在计算机科学教育中,某些领域尚存在无法确保学术诚信的最佳方案,例如难以界定的串通共谋与认同的工作协作之间的界限。

计算机科学领域的学者们为维护学术诚信而开发诚信管理程序、阐明定义和制定解决方案,这个开发过程为这些学者提供了很好的契机。在计算机科学领域学术诚信的挑战,如界定就业能力与协同工作的区别,远比其他学科领域更普遍。这也意味着计算机科学专家有可能在学术诚信领域发挥领导者的作用,并处于领先地位。

最重要的是,学术诚信不仅仅是计算机科学的附属物。许多相同原则即可用来设计有效的评估,同时也减少了学术不端行为的出现。原则的设计旨在激发学生参与意识、取得学业成功。因此,以身作则的教师应始终铭记诚信原则,秉承道德理念,践行学术规范。

参考文献

第 5 章.docx

第二部分

实 践 案 例

第 6 章 为什么编程教学这么难

Carlton McDonald

摘要：一年级编程教学几乎是所有大学面对的最主要挑战。这个挑战不在于使用何种编程语言，给予学生多大帮助，如何对学生进行评估，或者是哪所大学在教编程，抑或学生在哪里上课学习编程。真正的挑战在于学习编程本身就很有难度（Pine，2009）。就算通过计算机 A-Level 课程，也不能作为学习计算机编程的先决条件，相比之下，数学 A-Level 的课程修完后就可以进入大学数学的学习。学习编程的痛点不胜枚举，包括编程语言概念本质上的巨大变化，以及函数库和应用领域。我们提出了这样一个问题：短时间内学编程对于初学者来说是否现实？

关键词：持续性评估；形成性反馈；学生动机组合；学习编程；编程教学

6.1 引言

给初学者教授编程课程充满了多种挑战：

（1）编程有哪些要点；

（2）如何激励学生；

（3）为什么不能直接就开始编程；

（4）编程语言的学习；

（5）协作学习；

（6）坚持每周持续的学习；

（7）渐进式学习；

（8）语言问题；

（9）评估与学习。

本章着眼于这些挑战，使用案例来回顾学生的期望，特别是对于学位课程，考虑到编程语言发生变化，语言复杂度不断提升，以及在短时间内给编程新手讲述哪些内容，可以有哪些应用。网页、Web 服务器、移动、分布式、云和系统程序设计中都能看到编程技巧的应用。但是，许多新的应用环境需要在浏览器中使用新的编程语言，JavaScript 语言就有一个必须要熟悉掌握的独特文档对象。它既不明显也不能直观地理解，对文档对象进行编程需要教与学。从初学编程进阶到大学编程课程，我们关注学习编程每一个阶段的重点与痛点。

6.2 编程的要点

让我们来想象一下折纸的教学场景。首先,向学生展示折纸的最终成品,哪些东西可以通过折纸来实现。看到这些有创意的折纸作品,一些学生们的兴趣被点燃,想要学习如何折纸。作者还能够记得七八岁时做折纸的兴奋,期待可以折出造型各异的动物和物件。折纸要按照折纸书上面的说明,精确地折叠边缘,折纸书上的说明无异于计算机执行书面指令。反思折纸练习的过程能让学生认识到折纸中的重点在哪里,不仅需要高质量的说明指令,还需要折纸执行的准确性。许多同学在折纸过程中时不时会被卡住,使用二维纸张,按照折纸说明,试图去构想折纸的步骤,但是越贴合折纸说明越让人感到困难;但是如果能够理解折纸说明,折纸就变得简单起来。所以,凡是花时间去理解折纸说明语言的人最后都成了专家。理解折纸说明才算走过掌握折纸技巧"万里长征"的一半路程。

除了能够理解程序之外,执行程序指令的机器人还需要能够一丝不苟、精确地执行指令。折纸时,孩子们需要先折出半个正方形,才能折出一条鱼或一只鸟,从一开始就需要练习正方形和对角的精确折叠,只有这样才能最终折出外形挺括、栩栩如生、展开翅膀的小鸟。折纸中观察出来的这些心得,让作者意识到认真按照说明和指令行事的重要性。需要完成哪些任务,有时折纸说明讲得并不清楚。有时会发现依照折纸书上的折纸步骤,最后并不能奏效。

传统按序编程类似于一步一步地编写折纸步骤,机器人(计算机)遵从编程程序。一般的程序员可以用不超过 20 种语言结构(if-then-else, while, for, arrays, procedures, classes, constructors, procedure and function calls 等)来编写一个程序。这不仅仅是基本的编程语言(variable declaration, types, if-then-else, while, for, arrays, and procedures),还可以用来解决任何计算机问题,尽管不是最有效的方法。相对较小的指令集意味着程序需要数万行代码,就跟人类语言一样,如托克皮辛语(Tok Pisin)和巴布亚新几内亚语(the lingua franca of Papua New Guinea),描述概念需要非常多的单词,而英语不一样,只需要 10 万多个的单词来描述概念。

编程的目的在于向计算机提供执行一项或一系列任务的指令,如预订航班、玩游戏、银行交易,以及数十亿的其他任务。

6.3 激励学生

为了让学生对编程产生兴趣,作者在第一节课介绍中,就让学生们为自己的机器人来编程。这个方法效果不错,打瞌睡的学生开始清醒,昏昏欲睡的学生们坐起来,饶有兴趣地看着他们的机器人。为了给他们自己的机器人编程,他们不得不开始学一些简单的、机器人可理解的指令集:

向前走 n 步,

左转,

右转。

执行上述三条指令,机器人可以从教室的任意一个角落走到教室的对角区域。学生们会觉得非常惊讶，简简单单的三条指令，就可以完成一个单层建筑中甚至一个城市里所有的导航任务。

6.3.1　机器人介绍

为了了解学生们的编程能力，以及他们如何为机器人编写这些指令，课堂上将这些学生两两分成一组，如果有学生落单没有办法分组，那就和导师一组。分组后，学生们彼此介绍自己，另一个学生就是他的"机器人"伙伴。大家轮流以解释的方式来编程，如接受指令，每次接受一条指令，直到发现没办法执行指令，或者编程指令已经完成。

机器人测试的结果能够反映一系列的问题。首先，需要初始化指令，如站起、面向前方。不限于语言，但是所有程序都需要初始化语句。其次，机器人并非想象那样聪明，他们看不到行进中的桌子，桌子会把他们绊倒。机器人、计算机和自动机器完全按照程序员的指令行事。如果出了问题，肯定是程序员指令有误，这就需要程序员重新访问程序并编辑指令。与需要公式和可变操作的算法任务相比，编写程序让机器人执行有形的物理任务相对容易。

6.3.2　测试

编程测试非常重要，程序构建好之后，我们不能够推断它是否奏效，所以需要测试。机器人通过测试完成它们被安排的任务，这样程序员才能够知道编写好的程序是否能够适配所有的机器人。

6.3.3　单一解决方案

当问及同学们，他们的程序中是否存在局限性时，大家发现程序只在所在的教室有效。程序不是通用程序，不能够应用于所有的房间。因此，需要在程序中进行决策，还需要能重复任务。然后，我们进行几次迭代修改程序，将其添加到指令集：

如果条件为真，执行任务 1；

如果条件为真，执行任务 2，否则执行任务 3；

当条件为真时，重复任务 4。

然后修改程序并部署机器人，机器人再出现问题后，再进行审查。学生们通过这种反复来理解编程语言、指令、初始化、测试以及递增式发展的全过程，在第一课中享受乐趣。

6.3.4　学习态度

大多数程序员都超级自信，哪怕尝试一次编程就会认为程序正确无误。许多学生都不够勤勉。课堂上要求学生们写出编程程序时会发现，让他们拿出计算机或纸笔，放下手机，学生总是不情不愿的。这种情况在英国似乎更加普遍，学生们只会坐等导师帮他们给出答案和解题方法，这是非常严重的问题。

在教学中，如果只是授课灌输知识，学生们最终会忘记；给他们展示观看，他们才可能记住；让他们放手去做，他们会最终理解所学的知识。

这一届的学生从小衣来伸手、饭来张口，很多人急功近利，只想要答案，不想去思考。从第一节课的课堂情况，导师对这一情况就洞悉地非常清楚，也会发现那些做得好的学生。编程是一项实践性的活动，那些在课堂上即刻坐下来沉下心写指令的学生就是天然的程序员。他们做足准备,摩拳擦掌,对自己的编程能力胸有成竹。这类学生在课堂中非常活跃,时刻准备以极大的热情开始课堂活动。如果编程结果失败,他们丝毫不会受到影响,甚至更加坚定自己的能力。

第二类学生,即使课堂任务非常简单,有些任务也并没有限定只有攻读学位的学生来做,他们也即刻环顾四周,看看别的同学在做什么。似乎这些学生不知道课程要求他们做什么。经过小组讨论环节,他们下一步等待的是,有没有给他们"站起来"和"离开桌子"的指令。他们不知道如何对自己的机器人进行初始化设置。给他们提示一些初始化步骤时,这类学生依旧环顾四周,既不编写指令也不写任何东西,直到告诉他们写一些东西时,他们才会动笔。令人惊讶的是,这些学生总是充满了试探和不确定,似乎害怕做错事情,唯恐出了差错就会被开除。

第三类学生就是身在课堂心在别处的学生。他们不愿意开口说话,不愿意回答问题,不愿意两人分组,就算是角色对调轮到他们作为"机器人"说出指令时,他们也非常拘谨。这类学生偶尔有一两个能够自己完成课堂任务,只是在公众面前略显尴尬。第三类学生最不容易去激励和鼓励,并且在小组提问环节会询问"我该做什么才能完成课堂任务?""做什么才能拿到第一?"等问题。他们更在乎结果,而不在乎与课程相关的学习。

6.3.5 变量

对于一个纯粹的初学者来说,其中最难的是编程概念中的变量。为了给 16 岁的学生使用巴布亚新几内亚语进行编程,作者用 2 小时的课程向学生来传达变量这个概念。为什么我们需要一个盒子来放东西?当我们试图表达存储空间概念时就提出了这个问题,我们想要在程序中记住东西。为什么机器人需要一个口袋来存储一个单项?为什么机器人不能只记住数值呢?计算机是不是有内存?这些问题错综复杂令人困惑,就像孩子们学习代数时遇到的困惑一样——x 和 y 代表什么?作者的父母说他们一辈子都没用过方程组,那为什么我们还要去理解方程组呢?

很不幸,之前没有编程经验,而又选了计算机编程课程的学生,不是所有人都能够顺利度过这段困惑期。如果他们从来没有接触掌握代数的概念(他们甚至觉得代数这个词听起来都很陌生),对于这些学生实在极具挑战,因为概念抽象,没有实体和具象的实物。英国所有学位中辍学率最高的课程是"计算机科学",可能就是因为这门课程的抽象性所导致的(Pine,2009)。因此,学习"计算机科学"课程需要学习普通中等教育证书(GCSE)规定的数学,不仅因为编程是一种数学活动,而且因为 GCSE 要求学生具有抽象思维的能力,需要操纵头脑中的概念,在纸上罗列出可变值,头脑中琢磨编程的每条指令,确定指令在程序中的位置以及程序中每个节点出现的场景。

6.3.6 第一次课堂反馈

编程机器人让课堂变得非常有趣,学生们可以感受编程过程,反思编程概念。然而,当课程的其余部分集中在机器编程时,一些学生认为动觉学习只是简单地在键盘上打字。看似几乎没有动觉学习的感受,事实上,动觉学习型学生就算是敲键盘也是在体验学习的过程。尽管如此,计算机实验室里写程序更具有实践性,这种情况只适用于部分学生,学生们编写程序,程序与用户交互,并在屏幕上显示结果。动觉型学生能够很容易地进行联想。这种类型的学生会觉得编程任务非常有成就感，而其他人只是在屏幕上看到了文本和图片，他们会觉得“我拿到了这周实践课程的分数，我能够通过这个模块”这些的想法更能够带给他们积极的感受，编程不是自己热爱的项目，而只是一种劳动。

任何一种实践性的技巧都需要注入大量的时间，越多练习，越多成就。折纸、打羽毛球和开车，这些技巧无一不需要投入时间去练习。编程课程最现实的挑战是激励那些不能够自我解决问题的学生们，需要时间把他们带入机器人编程，后来发现键盘编程任务无法满足他们的需要。作者认为，正因为这个原因，如果能够让学生为自己或家人以及朋友创建程序，他们就更有可能花时间制作程序。世界上只有很小一部分人使用DOS(或别的程序)、Windows或命令行上执行的程序。是时候将这样介绍性的编程课程上线并执行了。每个人都可以与浏览器交互，尽管没有丰富的指令集和优良的构建结构，也可以使用有限对象编程，JavaScript是世界上最重要的编程语言。只要是用JavaScript语言来编写程序，世界上所有人就都能使用你编写的程序。这一点鼓舞了许多学生。而2018年的C#程序几乎与人们的移动设备和软件交互关联甚微。就算是使用服务器端来编程，也需要程序员十分了解JavaScript语言中的各种概念。

与此同时，网络已经有超过25年的历史了，移动设备无处不在，让学生使用浏览器或应用程序向家人和朋友展示应用程序，也会比DOS程序更能激发他们的兴趣。

在20世纪80年代，计算机科学纯粹主义者坚定地认为，教授编程的唯一方法是教授汇编语言。这种无稽之谈在大学里流行了一段时间，但是计算机科学纯粹主义者现在坚持认为学习编程的唯一方法是使用C++、C#和Java。这样的争论已经不再新鲜，但在某些事实方面形成了基础共识，许多授课教师认为，他们所学到的编程方式就是最好的，他们专长的语言历久弥新，也是最好的。让人惊讶的是，世界上最赚钱的计算机公司最近摒弃了这些过时的工具。苹果设备使用Objective-C语言编程，这种语言最初是20世纪80年代初由Stepstone公司的Brad Cox和Tom Love创造出来的。20世纪80年代后期，它由史蒂夫·乔布斯的NeXT公司授权使用，随后在2013年被Swift更新取代。对那些顽固纯粹主义者来说，一个专业的Objective-C程序员能够使程序远比最好的优化编译器更高效。然而，最好的Objective-C程序可能会在内存访问到非预期区域时造成最大的损害。所以，我们需要更高水平的程序员。现代开发人员最后一次编写汇编程序是什么时候？只有非常小的一部分人需要学习这种有趣的编程范式。我们现在需要最好的Web程序员和移动端程序员。因此，在模块编程原理中介绍编程的第一个环境是由麻省理工学院(MIT)开发的AppInventor(不需要写一行代码的开发工具)。AppInventor原本是谷歌公司的一个项目，2012年转交MIT，2018年开源，如图6.1和图6.2所示。

AppInventor是一个五彩缤纷、拼图游戏风格的编程环境，仅适用于Android设备。鉴于Android设备编程如此简单，世界各地的学校都在使用AppInventor来教幼儿及儿童进行移动编程。在块编辑器中，AppInventor通过拖曳可视组件，并将可试组件放在其他被称作“块”的视觉组件上。

撰写本章时，Applnventor正在由它最初的开发者Arun Saigal和WeiHua Li通过一个平台移植到iOS设备上(2018)。接口和编程结构目前可以工作运行，但是，传感器、GPS、加速度计等目前还不能在iOS环境中运行。

AppInventor最大的优势在于，它用一种非常简单的方法设计用户界面或者应用程序

```
Screen1 ▾  Add Screen ...  Remove Screen                Designer  Blocks
Viewer

initialize global manIndex to 0

when Screen1 .Initialize
do  set secondHalfBackground . X to 450
    set secondHalfBackground . Visible to true
    set firstHalfBackground . X to 900
    set firstHalfBackground . Visible to true
    set Runner . X to 580

when startButton .Click
do  set secondHalfBackground . X to 450
    set firstHalfBackground . X to 900
    set Runner . X to 580

when manRun .Timer
do  set global manIndex to modulo of get global manIndex + 1 ÷ 5
    set startButton . Text to join "man"
                                   get global manIndex
                                   ".png"
    set Runner . Picture to startButton . Text

when BackgroundScroll .Timer
do  set secondHalfBackground . X to secondHalfBackground . X - 1
    set firstHalfBackground . X to firstHalfBackground . X - 1
    if secondHalfBackground . X ≤ 0
    then set secondHalfBackground . X to 900
    if firstHalfBackground . X ≤ 0
    then set firstHalfBackground . X to 900

⚠0  ⊗0
Show Warnings
```

图 6.1 完整的 AppInventor 程序(在动态背景前绘制一个跑步者)

图 6.2 动画绘制跑步者与滚动背景的视觉再现

的可视化表示。可视化设计决定了在构建程序中大量使用的块结构。

学生们不需要真正的技术技能(只需要拖曳)将界面组合在一起,就可以在尝试编写应用程序代码之前,在很短的时间内设计好所有的界面。

虽然学生们学习编程反馈非常不错,但仍然会在块编辑器中执行编程时碰到问题,解决起来还是很难。因为 if-then-else 的逻辑和循环是主要的难点,尤其当这些语句“嵌套”在其他 if-then-else 或循环语句中时,就更有难度。

在学习编程方面,AppInventor 2 (AI2)不如原来的 AppInventor Classic,因为 AI2 不

允许对程序进行调试(一步一步地调试程序并验证数值)。由于无法手动一步一步地调试代码,因此学生无法学习如何调试程序。单步执行程序,一步一个语句,是理解程序步骤的一种很好的方式。一个初学者能够一步一步、一遍一遍地完成这个程序,直到他们能够预测接下来会发生什么。在调试步骤中,还可以通过调试器检查变量的值、UI 组件状态,以及程序中各个点的数值和传感器。

这是使用 AppInventor 唯一的短板。因为没有调试步骤这一重要的因素,是否继续教授 AppInventor 也是一个很大的问题。但是,尽管如此,还是要继续讲授 AppInventor,因为学生们觉得有能力更快地开发高水平的程序。这也使得 AppInventor 成为快速开发程序的理想平台。此外,它还非常适合 Scrums 和 Sprints。

20 世纪 80 年代早期,使用大型计算机学习编程非常困难,因为学生只能在他们自己学习的地方练习。直到 20 世纪 90 年代初期,尽管是 Windows 环境,程序设计入门已经不可避免要生成命令行程序。这就意味着,对于初学者来说,学生们生成的程序已经不是最新的程序。大多数大学都使用 Windows 操作系统,但是 Windows 编程适合乐于接受挑战的人,学生们常常就算拿到了学位,却写不出一个单独的 Windows 程序。20 世纪 90 年代后期,许多用户选择浏览器作为平台,用于浏览或网上冲浪,这才算作是技术领域中真正的腾飞。然而,只有为数不多的大学将小应用程序或 JavaScript 作为入门编程语言来讲授,所以初学者就可以为自己、家人和朋友来开发软件。我们仍然在生成命令行程序。

AppInventor 颠覆了这一切,学生们可以为无处不在的 Android 平台设计软件,一部分学生会向他们的家人和朋友们展示自己的成果,并在课外投入时间来练习他们的技能。而其他大多数学生,就算是来上课,也无所事事。

激励学生去实践是学习编程的最大挑战。在几分钟内开发出一些简单却有意义的事情,要比空喊"世界你好!"更有激情,也更能叫醒学生们的耳朵,从床上爬起来。各位教师一定也注意到了,早上 9:00 赶到教室已经让太多的学生非常困难了。AppInventor 让学生制作出可以解决各种问题的应用程序,让学生真正地拥有成就感。每年都有一小部分初学者传达出用 AppInventor 进行编程的热情。

6.4　为什么不能直接开始编程

学生们经常直接写程序,而没有考虑他们真正想要完成的是什么。这好比一个工程师把一块大木板放在河上,当他成功地走过木板时,他说他已经建造出一座桥。而当他骑着摩托车过桥,结果掉到河里去,这才展现出编程前思考的重要性。学习一种新的语言,大家都会先考虑用自己的母语怎么说,如何遣词造句,最后再用母语翻译成这种新的语言。即使可以理解这种新的语言,如果你的西班牙邻居要去超市,你还是最好给他写一些固定的指令。编程术语中,这意味着除了要画出来在程序中想要表述出来的内容,把它们转化为书写出来的自然语言指令,也就是编程语言指令,还要用自己的母语来写作。这种早期的思考,即设计阶段,帮助人们尝试处理用户可能产生的每一个事件,或环境事件(位置、高度、设备方向等)。

学生们想要在有限的时间内高效完成课堂任务。他们觉得不断试验和犯错误是解决问题的好方法,目前为止,他们从试验和错误中获益匪浅。这种方法导致的想法是,与其花时间在纸上设计程序，不如利用时间直接生成程序，因为写在纸上的东西还需要被转录成计算机程序；这对许多初学者来说非常浪费时间，为什么不直接使用不熟悉的语言来编写程序呢？因为对机器来说，它也不熟悉这种语言。

即使是专业的程序员也会把自己的一些想法写在纸上，帮助他们把脑中的程序最困难的部分组织起来，而不是直接生成代码，因为这些代码可能还需要重新进行组织和调整。将程序构建写在纸上是很好的做法。就像规划建设一幢建筑，如果有建筑师说不需要"浪费时间"画图、预算和设计，还能帮你省钱，那住在这幢建筑里的居民一定会怨声载道，有的房间可能在建筑交付时还没竣工，有的房间里浴室直接通向餐厅。这幢建筑物确实具备房子的功能，但是房子的各个组件并没有被很好地搭配在一起。

6.5 语言学习

人类语言的学习需要若干阶段，除非这个人从一出生开始就听到这种语言。第一个阶段，就是不间断地重复地去听这种语言。在一开始要先认识一些生词，随后意识到这些生词使用的上下文语境。学习一种语言的语法和学习构成这种语言的单词一样重要。在编程中，语言的句法（语法）持续增长，现代语言的单词和符号可能达到60～70个，而早期的编程语言可能只有20个单词和符号。几乎任何程序都可以用3个组件来编写：顺序、选择和循环。其中，顺序指一条语句后跟着另一条语句的方式。而选择是程序中的决策点，程序中的所有决策点实际上都是若干if-then-else语句的组合。但是，如果每个语句前面都有它的先决条件，那么else就没有必要了。

```
如果年龄>18，那么可以投票=真；
如果年龄<=18，那么可以投票=假；
```

在这种情况下，使用else就更为有效：

```
if age >18 then canVote =true
else
if age<=18 then canVote=false
```

使用else的原因是第二个if只会在第一个if语句失败时执行。

学生们没有过渡到编程还有一个原因，那就是每个人从出生起就学习用于交流的语言，但并不是每个人都学习逻辑语言或解决问题的能力。与那些从不玩策略游戏或解谜的学生相比，那些喜欢解决问题的学生更容易学习编程。技能是可以学习的，但许多人不明白其中的意义，他们更喜欢别人提供答案，而不是享受自己解决问题的乐趣。大多数大学计算机科学课程都有单独的数学模块，很少有单独的解决问题技能模块。

编程的应用环境很多，包括台式机、浏览器、移动端、服务器端、分布式、云、服务器和系统，这些都是2018年大多数计算机科学毕业生期望使用编程的主要领域。8种不同类型的编程，由于本科学位的时间限制，很少有学生能成为某个类型编程的专家。然而，应用于人工智能、自然语言处理和机器人编程的语言、函数库不止一个，有多个函数库，如果要学习，可能需要终其一生。所以，现在的学生碰到的问题不仅是40年前学习一种语言的问题。所有这些应用领域的多样性意味着，与30或40年前相比，现在的计算机领域对学生有更广泛的要求。更多的概念需要今天的程序员去理解，而学术的再验证周期则意味着概念的变化要比课程的变化快得多。编程库数量庞大，学生们也必须有自己的主意，懂得如何获取自己需要的内容。然而，与 40 年前相比，许多计算机科学课程似乎并没有在方法上有什么不同。作者于 1981 年编写了《编程入门》。Pascal 程序设计在学年末尾，最后讲到了数组和指针，我们当时编写了自己的步骤，但是不包括各种对象。将现行的编程技能应用到浏览器环境中（例如操控组件和文件）是很重要的，浏览器环境、移动环境，以及服务器端均使用不同的语言编写程序。

编程语言问题

选用的编程语言很大程度上取决于讲座教师对编程语言的偏好，也一定有一部分原因来自对编程语言、编程工具或编程平台的负面评论。

模块负责人 Indonesia 教授说："Java 是最好的语言，它是行业中使用最广泛的语言。"

周二负责实践课的澳大利亚博士却说："不，Java 才不是，Python 才是应用型语言，而且是功能性的。"

周三的导师 James Gosling 坚持认为 C# 才是行业中应用最广泛的编程语言。

那么，就有学生说："我想 Java 才是最好的编程语言，Indonesia 教授就是这么跟我们说的。"Gosling 会这么回应："教授的说法有些过时了，C# 是类 Java 的编程语言，虽然不具备可靠性、高产性和安全性。但是 C# 局限性不高，其灵活性更好（Joy，2002）。"

周四的导师说的话，学生基本都听不懂。Yukihiro Matsumoto 说："Ruby 是一种动态、解释性、反应性、面向对象的通用编程语言，它受到 Perl、Smalltalk、Eiffel、Ada 和 Lisp 的影响（维其百科 2018）。"

课堂上的学生反映："对编程语言做评述的这些人，我们一个都不认识。"

到了周五，马上退休的讲座教师 Carlton McDonald 说，对于纯粹的初学者来说，最好的编程语言是 Prolog，也就是逻辑编程。研究表明，如果你以前从未接触过编程，Prolog 很容易学，因为你说的是你想要什么，而不是怎样完成。它是一种声明式的编程。

由此可见，人的观点各不相同，每人各执一词，这让学生更加困惑。其实，没有公认的最佳编程语言和开发环境，这只是编程语言问题的开始而已。编程本身使用的海量术语，以及计算机编程的学生必须学会的实用知识，足以媲美对各类药物抓耳挠腮的医科学生们，如协议（发音像医学术语皮质醇）[①]、继承、绑定、范围、封闭包、重载、异常、多态、参数、公有、私有、受保护的，还有很多其他编程术语。

学医的学生们要花费数年时间学习各类药物，但是在几年内就可以运用一些与工作相关的药物进行实践。这对程序员来说同样很困难，因为许多术语都是抽象的，指的是组件（器官、血管和骨骼）和系统之间的关系。一个程序有一个复杂的结构，并且有可以用来把主体组合在一起的模式。程序可以包含数十万行指令和代码，是非常复杂的系统，但我们希望学生们在攻读学位的第一年，学习 1～2 个 20 学分的模块，这是不现实的。

医科学生必须在生物、化学和数学科目中取得很高的分数。但是学习计算机科学课程的学生们却不必。可能是时候要花些时间，回顾一下学生们学习编程的努力。为数众多的学生学习编程的目的只是要通过编程模块，毕业后并不想成为程序员。

---

① 协议：protocol。皮质醇：cortisol。

编程语言的各种不同偏好,从一个阵营到另一个阵营的无所适从,学生们在困惑中备受煎熬。现代高级编程语言中包含众多编程概念,学习这些概念所需要的时间也尚未被估计。当学生们还在努力理解语言和概念时,就不可能解决在特定时间内遇到的困难。如果学生自己都无法解释他们遇到的困难,导师又如何帮助他们?这一点已在该领域被多次重复强调,喊声再大也起不了任何作用。许多编程概念还需要实践方面的案例以及实践应用才能完全掌握。学习编程,每周12小时远远不够。两三小时的监督练习对初学者来说还远远不够,尤其是在20人的课堂上,180分钟的练习平均到每个学生上,每周每个学生只有9分钟可以与导师进行一对一的对话。12周过后,每人与导师的交流时间总计也只有一个多小时。一年级学生在学习中不具备良好的交流机会。

计算机编程概念、语言、函数库、应用领域和范例方面都在经历巨大变化,导师需要考虑对学生们的期待值是否过高。有关这一问题的审核已经结束,这项考虑可能会使得英国学生的不及格率降低10%。然而,这个比例还需要大大减少,也许需要高等教育学院来协调。

6.6 协作学习

几十年以来,作者一直坚持为学生们布置编程入门的开放性作业,从而更能确定学生理解编程本身而不是理解书面的程序。2017年,编程原理模块有两组的学生:一组是来自计算机和数学学院;另一组来自商学院商务信息管理课程。从第一次教授编程课程到现在,已经过去了32年,能够共同协作解决问题的学生们,会拿到课程模块最高的分数等级。所以不需要让学生单打独斗,学生们在小组中学习,实际上学到的更多。学生们更喜欢向他们的朋友们问问题,而不太愿意在课堂上当着其他同学的面去问导师。只要让学生们了解在最后阶段要取得怎么样的成果,他们就会毫不犹豫地选择协作学习。

有些学生向他们的朋友们解释:有时候程序有效,但是运行不好。这时,就是教师应该向学生强调编程效率问题的时机。我们可以一条语句写上7次,从1到7循环,每次都执行相同的语句。"程序没有问题",学生说;但是,如果需要把同样的语句运行100次,或者10万次呢?我们不仅想要程序实现它的效果——如果是在移动设备上,程序不能高效运行,一个应用程序就会消耗更多的电量,或者发生因为程序员不能找到有效编写程序的指令并且无法使用尽可能少的语句执行任务,而导致内存不够的情况。一旦向学习小组或全班同学解释了这一点,如果许多同学都犯了同一个错误,或者都在这里卡壳,他们将会学到一些东西。我们经常从自己的错误中学习;而聪明的人会从别人的错误中吸取教训。

6.7 坚持每周持续的学习

十有八九的情况下,学生必须在最后一周或模块结束后展示全部作业。在这些展示中,许多学生甚至都不知道10周前编写的小型程序是如何工作的。

毫无疑问,如果在课程结束时对学生进行评估,由于如下3个原因,他们会记住更多。

(1) 学生们不得不通过实践活动来应用自己所学到的知识。

(2) 应用得越多,就越能记住他们做过的事情(重复加深印象)。

(3) 没有时间忘记知识,如果知识60秒前接收到,学生们会比提前60分钟记住更多,更远远多于提前60天传授的知识。

正因为如此,最好不要让学生等到模块结束后才尝试运用,应当在模块开始时让他们尝试就运用学到的知识和实践技能。在每节课结束时,通过几个问题尽早对他们的学习情况进行评估。问题可以是讨论性问题、多项选择问题、简短的书面问题。编程的周测评可以是考察学生能否解决相关问题、使用规定方式拓展程序等。

每周的练习需要大量的思考和准备。许多人会关注我们是否会对学生过度评估。学生的关注点是自己完成这个任务能不能拿到分,没有认识到回答问题的重要性,这相当让人担忧。计算机专业的学生,尤其是男生,似乎不如人文学科同龄人那么能言善辩。事实上,这并不完全正确。20世纪90年代,在为期12周的高级编程方法课程第10周,有一个关于软件开发研究论文的讨论。当时,班上大约有三分之一的学生来自奥地利。奥地利学生比英国学生表达能力强得多(20世纪90年代,高级编程方法学课程中没有女生)。我们应该做一些研究,来确定奥地利文化与英国文化之间存在的差异,以及为什么奥地利人的表现明显优于英国人。

编程教学中,经常会碰到抛出问题得不到回应的情况。这时往往需要鼓励学生参与课堂讨论,并提醒他们一点:如果他们不知道一个问题的答案,或者不理解某件事情,那么班上有一半的学生也同样不知道或不理解。

学生编写的程序越多,他们就越能理解编程有哪些挑战。然而,如果在编程时没有人指导,学生们就不太愿意投入时间,因为在没有指导的情况下,学生自己常常需要好几个小时甚至好几天才能编写一个程序,让它能够运行起来。越来越多的学生选择搜索一个编程任务的完整方案。这比自己尝试去建立框架,然后花上几天时间却一无所获要容易得多。一旦学生士气低落,就很难让他们重拾信心。

6.8　增量编程与渐进式学习

"我并不是特别聪明,我只是比较执着于解决问题。"——爱因斯坦(1879—1955)

如果你想尝试解决任何问题,那就不要尝试解决所有问题。

所有编程问题如果分解成更小的部分,都会更容易解决。40年前,Jackson结构化程序围绕数据的结构进行结构化编程。在某种程度上,我们又回到了原点:当设计一个移动应用程序时,一系列故事板或屏幕设计将识别所有输入和输出,即应用程序必须处理的所有数据。增量式开发指从一个屏幕开始,利用用户输入和设备传感器值来生成所需的输出,一次做一个步骤。这种方法意味着首先建立屏幕设计,然后是屏幕之间的转换,最后实现每个屏幕上的每个输出。

结果应该是总有一个程序在工作运行,唯一不会起作用的功能应该是正在开发的功能,其他功能都可能被启动。

编程在生产项目中并不是唯一的,因为具有大量组件的产品具有组件测试和依赖关系。我们可以编写一个不完整但可以进行组件测试的程序。如果正在制造一辆汽车,座椅必须在方向盘之前安装好,刹车必须在第一次驾驶前检测无误。在程序中有数据依赖关系。在对所有数据进行计算之前,必须先读取所有数据。应用程序的哪些部分应该先开发?根据敏捷开发方法,先开发那些让人感到舒适和自信的功能。延迟满足型人格则认为应该先完成最困难的功能。企业家或顾问,他们则致力先开发最能打动客户的部分。面向对象的方法则建议应该先开发连接最少的对象,然后分为两种方式:自底而上和自顶而下。并不存在固有先要开发的部分。

这给初学者提出了一个问题,我应该从哪里开始?我先要做什么?直接告诉我怎么做。这种灵活性最初让人感到恐慌,因为一方面,编程似乎是一个线性步骤序列,但其实在事件处理方法中,我们不知道哪个事件将首先发生,它根本不是线性的。从另一方面看,类和函数的组件开发似乎完全是随机的。

碰巧在撰写本章时,作者的儿子取得了生物化学学位,并得到了一份软件开发工作。因为需要接受培训,前三个月没有薪水。12 周培训,480 小时的开发培训价值远远超过 3 个月的薪水(尽管 22 岁的他可能并不这么认为),而且会带来一辈子的发展机会。培训中会采用什么方法,期望员工学习多少知识和技巧,以及三个月培训结束后员工能够做什么,都是很有趣的内容。

6.9 评估与学习

学生们会碰到一个两难的情况。每周都要完全熟悉那些相互依赖的编程技术,完成所有要求的练习,但学生们没有足够的时间。许多人都已经忘记自己上大学的目的:学习。部分原因是来自外界的压力,英国大学要取得和维持英国大学教学卓越框架 TEF 的排名。教师与学生之间的关系完全正式化,因为有一种看法认为教师的工作不够努力。其实学生的体验感是糟糕的。如果教师工作过度,并且压力过大,就很难有时间为学生提供帮助。

学生们也有时间方面的限制,这并不完全是因为课程对他们的要求。影响最大的是兼职工作。几年前,作者所在的机构,学生会发布了报告,指出学生平均每周兼职 16 个小时。如果平均每个学生每周兼职工作 16 小时,考虑到不是每个学生都工作,那么有些学生每周兼职工作 20、25 小时,在某些情况下兼职时间甚至相当于全职夜班的时间。这绝对有可能,因为强调以学生为中心的学习,也就意味有学生的大部分努力都在课堂之外。学生们也觉得他们可以在不工作或者不在学校的时间学习。

受工作需求影响最大的是经济困难的学生,但不仅仅是这些经济困难的学生。本学年,作者三个孩子都在大学学习,两个在读本科,一个在读研究生。因为父母双方都是教育工作者,所以收入都很高,孩子们虽然贷款减少,但仍需要工作。他们的贷款不足以支撑住宿费用。《2018 年学生学术经历调查报告》显示,排名 92 名开外院校的学生在校外从事与课程相关工作的数量相对较高(Neves 和 Hillman,2018)。

调查显示,越来越多的学生睡眠不足。这一代青少年在长期睡眠不足的环境中成长。2006 年全国睡眠基金会调查显示:美国 87%以上的高中学生的睡眠时间远远低于推荐的 8~10 小时,且他们的睡眠时间还在减少,这严重威胁到了他们的健康、安全及学术成就(News Center,2015)。

文化在变化,对科目的要求也越来越高,学生安排时间做课程项目和校园活动,这些项目和活动不仅会被评估,而且可以累积分数来通过模块考核。正因如此,越来越多的学生开始问:"我需要做什么才能通过考试"或者"我需要做什么才能得第一名"。这种选择性的学习来自那些努力满足现代计算机科学学位要求的学生,以及需要保持低负债水平的学生。

因此,学生没有时间完成所有准备的课程任务是可以理解的。这也是学生们更想要讲座授课的视频资料，而不是阅读文件的原因。阅读需要花费很大的努力，除非学生喜欢通过阅读的方式学习。学生们睡眠不足，很多人一阅读就犯困，即使喝了咖啡也感到很困倦，有时学生在打盹期间将同一段文字读了 3～4 遍。

6.10　结论

与 40 年前相比，计算机编程语言和计算机技术已经发生了天翻地覆的变化。以前，计算机有一间教室那么大，编程语言 BASIC 只有一小组指令用于汇编程序。而现如今，计算机小到可以装进口袋或手提包，能够实现的功能远比之前几台计算机在几个房间里做的要多得多。编程语言和编程概念要复杂得多，例如，如果一个人不完全知道如何使用数组列表，那么就不可能传递一个数组作为参数，或者多态地处理一个元素数组。每周两三个小时的监督练习，对初学者来说远远不够。在英国所有专业中，计算机科学专业辍学率最高，究其原因，是不断变化的文化和对课程要求的越来越高造成的影响。现在是时候来审视编程教学和编程学习计划，以及它们对学生的要求和所带来的挑战。

参考文献

第 6 章.docx

第 7 章 图形激励教学法

David Collins

摘要：当前负责一年级本科编程课程的教师面临了许多挑战，这些挑战有着多种原因，本章对这些挑战及其原因进行总结梳理，提供解决这些挑战的实用解决方法，即并行的第二编程模块。通过引入必备的补充知识，这一模块可以激励那些能力处于劣势的学生们，避免他们牺牲未来就业前景，并且为课程最终阶段能取得好成绩奠定基础，完成课程前期设定的目标。

关键词：第一编程语言；激发计算机科学专业学生的学习动力；Processing 语言；编程中的失败；学习边缘动量理论；编程新手

7.1 引言

最近几十年，英国各个大学计算机编程教学出现越来越多的问题，出现问题的原因很多。英国大学入学资格考试 A-Level 成绩普遍虚高，因此难以对入学者的技能和经验水平进行预测。此外，学校资格的性质和评估已经发生改变，课程科目繁多，从中做选择的余地增大，难以对一个科目下所有单独子课程予以全面覆盖，如数学科目下就存在三角学和统计学课程细分。矛盾的是，大学系统扩展以及随之而来的机构间的竞争关系，常常导致(通过大学申请审批系统)直接或间接降低入学资格。与此同时，竞争关系衍生出大学联盟排行，将学生满意度和提高"附加值"服务放在首位，为了改善学生留级问题，使大学排名更靠前，各个大学都承受着巨大的压力。

虽然受到以上因素的影响，计算机科学这一专业仍然存在广泛的第一年留校困难和低通过率(在英国大学中排名倒数第二)问题；并且，因为无法获得学位，或者学位等级缩水，无法达到学生的预期，这使得计算机科学专业成为学生最不愿意选择的专业(Woodfield,2014)。

为了解决这些问题，许多大学在大一新生课程中都尝试使用不同的编程语言和范式。尽管对于大多数此类尝试能否成功尚无定论，但值得注意的是，最近对英国大学大一新生编程语言的应用情况的全面摸底调查显示，这种实验(替代 Java 和 C)在入学资格要求较低的学校中更为常见，考虑替代编程语言的需求更为迫切(Murphy 等,2017)。作者所在的机构也存在新生专业成绩水平差以及由此导致的留级问题。和其他大学一样，我们同样也在寻求补救措施。与同等排名的大学一样，根据对学生的年末成绩评估，至少三分之一的学生没有从第一年的编程课程学习中显著受益。还有一些研究表明，如果大学一年级评估不能准确衡量学生的编程知识和能力，实际比例可能远高于三分之一(Ford 和 Venema,2010)。

我们当然意识到这个问题的严重性，随后进行了详尽审查，审查内容包括发起内部专题小组访谈，对学生成绩统计数据进行广泛分析。得出的总体结论是，计算机科学专业中嵌入的编程技能开发，其主流模式对于具备编程能力的学生不具备吸引力，无法让他们学有所得。结果是显而易见的，但如何探寻最适合的问题解决方案仍存在巨大的意见分歧。主要的障碍是存在一定程度的惰性。一方面，对于具备编程能力的学生，课程应当满足他们的期望；另一方面，课程应当最大限度提高学生的就业技能，这也是课程设置的最终目标。

首先，根据学生最初的编程能力对他们进行分组是一条可行的途径。但是，这一方案也带来若干挑战：我们如何甄别学生的编程能力？是否需要提供平行分组？针对能力不合格的学生提供替代性解决方案，那么如何保证替代方案的有效性？唯一能够确认的一点是第一个编程模块（称为CS1）课程结束时，排除特定形式的干扰因素，我们能够甄别出不合格的分组，向学生们提供后续解决方案。

通过内部专题小组采访讨论，我们发现，当前编程学习的不合格组共有三个主要的学习障碍：①学习期望与学习动力；②先前的知识和经验；③编程学习的自然属性和本质。接下来的内容中将会一一细述这些障碍。

（1）学习期望与学习动力。

对于大多数学生来说CS1课程并不是他们获取计算机科学学位途中期望遇到的。他们对CS1课程的认知和了解主要源于他们在学校里受到的影响，以及来自大众文化对这一课程的解读。学校经历对学生们的影响千差万别，但是大部分都会将重点锁定在IT解决方案包，如电子表格和数据库。学校纷纷启用新的计算机课程，并对课程进行内容修订，但是目前计算机课程的最终效果仍大相径庭。主流观念认为，计算机能够解决（或引起）几乎所有的社会问题，是一门让人激动的学科。在学生心目中，一提及计算机，他们大多会想到各种与之相关的主题：黑客、社交网络、人工智能、机器人技术和游戏。相比而言，CS1课程练习更侧重于数学，并且课程本身也十分枯燥。例如，许多研究（Jenkins，2001）表明，只有少数计算机科学专业的学生对计算机编程课程感兴趣，有内在学习动力。而这少数学生不能代表大多数，也很难应用他们的这种学习动力来扭转问题本身。

（2）先前的知识和经验。

曾经有一段时间，大多数学校将UG高端一体化软件群体编程的一般技能和经验作为主要的评判标准。举个例子，数学成绩达到GCE O（Cambridge General Certificate of Education Ordinary Level Examination，剑桥普通教育证书普通水平考试），就意味着掌握了三角学和微积分的基础知识，掌握归掌握，但是学生掌握的水平参差不齐。“达到某种水平就代表掌握某种能力”，这一认知之前已经被打破，因为许多CS1课程中包含的概念和术语并不属于普遍意义上群体编程的范畴。很早之前，学院就不再使用离散数学模块；因为很显然，学生如果CS1模块不合格，他的群体编程课程也会不合格。

（3）编程学习的自然属性和本质。

目前，大一计算机编程模块成绩不规则分布的原因有各种各样的理论解释。其中，作者发现学习边缘动量理论最让人信服（Robins，2010）。该理论认为，成功掌握一个概念会使得学习其他类似概念变得愈加容易；相反，如果无法成功学习并掌握一个概念，那么在学习其他类似概念的时候会变得困难重重。编程语言中的概念彼此之间具有一体化紧密相关联的属性，这就驱使学习编程语言学生的最终学习成绩呈现出两极化发展的结果。正是这一原因,如果学生在初始学习阶段未能掌握编程语言的概念,他们就会丧失学习动力,从而使得问题加剧。学习编程模块初级阶段就放弃的学生,无一例外反映他们从一开始就无法掌握入门概念,一旦开始阶段挫败,将直接导致满盘皆输的结局。

针对上述问题,我们需要找到迅速且务实的解决方案。根本方法是当CS1群体编程课程无法顺利进行时,同意采用替代方案CS2(编程Ⅱ-数据结构和算法),这样既可以实现CS2课程的学习目标,还可以扫清之前提到的编程学习中遇到的三个障碍。大一第二学期开始学习CS2课程,学校制度上限制规定,完成CS1课程的部分学生可以学习该模块课程;同时,完成新模块课程学习的学生可进阶学习CS3(高级编程)。大二阶段开始使用Java编程语言教授CS1、CS2和CS3模块课程。从这里,读者可以理解,想要得到理想的学习效果可能性极低。

新模块的语言选择十分简单。我们需要在Java语言的经验基础上继续发展,可能会发展到后续基于Java的模块(CS3)。麻省理工学院Chris Reas和Daniel Shiffman(Reas等,2007)共同开发的Processing语言(一种开源编程语言),是唯一满足这些标准并提供其他教学方法的语言。Processing语言专为非理工科生设计,是视觉艺术的图形语言。该语言开发环境十分简单(后期得到极大改进,但不再复杂),并且开发了大量的示例程序(在Processing语言中称为sketches)。该语言实质上是作为一个Java库来实现的,可以被导入传统Java IDE中的常规Java程序。因此新模块结束时可以返回"主流"Java,无须任何重大概念上的飞跃。目前为止,我相信许多读者都熟悉Processing语言及其运行的环境,因此后续讨论将涉及如何使用该语言来解决我们面对的特定问题。Daniel Shiffman(Shiffman,2016)很好地阐述了这种语言执行的可能性。

7.2 CS1和CS2模块的学习目标

在进一步学习之前,这里首先介绍CS1和CS2编程模块的学习目的和学习目标。

CS1

目的:使用一种通用的(非特定上下文的)计算机语言介绍计算机编程的概念,并在计算机编程的框架中培养解决问题的技能。

学习目标:

① 能够理解计算机编程的基本概念;

② 评估计算机语言数据和控制结构的适用性,以解决基本的问题;

③ 能够理解软件工程基本原理;

④ 具备实践经验的基本概念。

CS2

目的:开发新的编程技能,作为探索计算机科学中使用的几种重要数据结构和算法的一部分。

学习目标:

① 使用面向对象的程序设计语言,编写一个程序来演示计算机程序设计的重要特性;

② 描述、解释和评估在计算机科学中广泛使用的几种数据结构的原理和操作;

③ 使用编程语言操作、测试和评估一种或多种广泛使用的计算机科学数据结构;

④ 为基于程序的问题解决选择类、数据和控制结构。

与许多其他大学一样，这些目的和学习目标非常广泛，允许使用各种语言进行实现，在较小程度上还允许使用示例(具体提到了面向对象)。Processing 语言的本质在于它提供了与 Java 编程语言相同的机会，但是减少了冗长和复杂的程序，加以图形和动画助力，使学生在接触语言的早期阶段就能够解决并表达多种创造性问题。

课程设计最大的挑战，就是时时要铭记前面提到的三个学习障碍。我们试图：①在先前的知识方面为学生提供一个公平的竞争环境；②通过选择合适的示例来激发学生的学习动力；③确保学生逐步掌握概念，从而防止其过早放弃课程并产生挫败感。随后的内容将通过表格来描述模块的一些主要方面，总结我们如何解决学习障碍。模块的进展将采用非完整的范例顺序，作为教学研究和探索的情境。每个主题的实践环节，学生个人需要完成相关练习，并由研究生讲解人员对练习结果予以确认和记录。

7.3 模块

7.3.1 绘图和图形转换

为了介绍 Processing 语言并提供一些基本编程原则。主题一介绍了使用原始绘图形状生成图形图像的过程。学生还将学习图形变换和坐标系，练习包括使用重复的平移、旋转和缩放来复制示范图像，如表 7.1 所示。

表 7.1　复制示范图像

其他知识和技能	计算机科学编程概念	学习动力激励措施
坐标系	控制结构	要求学生制作多种不同形态、不同尺寸花卉和植物的形状
图形转换	函数和分解	
色彩表现	变量和范围	
阿尔法透明处理	常量	
	实参和形参	

7.3.2 动画时钟

主题二是实时模拟时钟动画。向学生们提供一个演示径向运动的程序，该程序交互式地描述了勾股定理、三角关系和角的度数和弧度的表达式(大多数学生进入模块时不知道程序背后描述的内容)。这一部分还为学生们提供了一些基本初步练习，目的是让学生们有机会自己去探索这些概念。最后要求学生们采用高效的方法来模拟时钟运动，如表 7.2 所示。

表 7.2　模拟时钟运动

其他知识和技能	计算机科学编程概念	学习动力激励措施
三角学	库函数调用	学生选择带有视觉设计的功能程序进行制作
逐帧动画	连续事件与离散事件	
时区和时间表示		

7.3.3 生命游戏

这个示例为学生们呈现康威的生命游戏(Conway's Game of Life)(Gardner,1970),这个概念虽然简单,但是极富视觉吸引力。它为学生们揭示了有限状态机背后蕴藏的概念,这些概念通过生动有趣的介绍,帮助学生们更深刻地理解概念。随后提供练习,包括改变出生和繁衍的规则,修改二维方格网大小,以及解析和修正"邻域"的定义。这些练习能够帮助学生们掌握2/3维数组,以及具有合理性的复杂选择结构。学习完这部分内容,学生能够修改代码,运行不同的规则,并可以"插入"邻域定义,如表7.3和图7.1所示。

表 7.3 在生命游戏中运行不同的规则

其他知识和技能	计算机科学编程概念	学习动力激励措施
状态机	2/3 维数组	由简单规则衍生出复杂行为,通常可以激发学生们的兴趣
图灵、冯·诺依曼和计算历史	细胞自动机	
模运算	选择控制结构	
	过程抽象	
	代码跟踪、读取和调试	

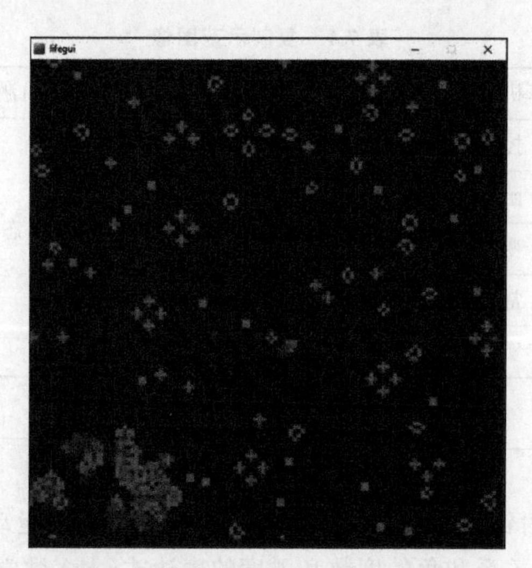

图 7.1 游戏中死亡细胞的淡出效应

7.3.4 纸牌游戏

在纸牌游戏示例中,给出扑克牌图形,要求学生们设计玩牌和洗牌的算法。给出一些排序算法和德斯滕菲尔德算法,帮助学生实现纸牌洗牌(Durstenfeld,1964)。通过这一游戏可以向学生们介绍复杂性主题,并以此为背景,讨论洗牌算法带来的结果。纸牌组是绝佳的媒介,它可以帮助学生探索堆栈和队列,以及ADTs(抽象数据类型)等概念,如表7.4所示。

表 7.4　纸牌组训练

<table>
<tr><th>其他知识和技能</th><th>计算机科学编程概念</th><th>学习动力激励措施</th></tr>
<tr><td>数值分布</td><td>排序和洗牌算法</td><td rowspan="5">纸牌游戏需要一系列的算法和数据类型。学生们较为熟悉游戏编程的相关性和目的性。由他们先设计自己的洗牌算法，这为探索复杂性主题提供了一个自然载体</td></tr>
<tr><td>统计学概念</td><td>算法和计算复杂度</td></tr>
<tr><td rowspan="3">随机性</td><td>数组列表</td></tr>
<tr><td>实现随机数</td></tr>
<tr><td>抽象数据类型、栈和队列</td></tr>
</table>

7.3.5　精灵动画

Processing 语言中的动画基本上是逐帧动画。我们向学生介绍精灵序列在滚动背景上的使用方法，可通过键盘或使用游戏输入设备来控制精灵，如表 7.5 所示。

表 7.5　控制精灵

<table>
<tr><th>其他知识和技能</th><th>计算机科学编程概念</th><th>学习动力激励措施</th></tr>
<tr><td>无缝背景纹理</td><td>文件处理</td><td rowspan="4">即使是能力较弱的学生也很高兴，能开发出质量几乎接近已发布的游戏（复古风格）的程序</td></tr>
<tr><td>缓冲动画</td><td>对象数组列表</td></tr>
<tr><td>帧缓冲</td><td rowspan="2">资源管理</td></tr>
<tr><td>多个动画时间轴</td></tr>
</table>

7.3.6　月球着陆器

学生将获得一张月球背景图像和一张代表着陆器的透明 GIF 图片。提供示例程序，使用 Vector 类的实现框架来描述受重力影响的物体。要求学生完成月球着陆器程序，用键盘提供二维推力对抗重力，优雅稳健地将太空舱降落在随机选择的位置，需要应用 Vector 类的新方法，如表 7.6 所示。

表 7.6　月球着陆器程序

<table>
<tr><th>其他知识和技能</th><th>计算机科学编程概念</th><th>学习动力激励措施</th></tr>
<tr><td>力学和牛顿物理学</td><td>类和对象</td><td rowspan="3">游戏可玩性强，具有逼真的现实操控感</td></tr>
<tr><td>矢量</td><td>键盘轮询/状态检测</td></tr>
<tr><td>离散化</td><td>矢量 ADT 及其实现</td></tr>
</table>

7.3.7　图像处理

学生将学习涉及图像格式、像素信息处理和使用卷积矩阵构造滤镜的基础课程。

为学生们展现犯罪现场图像，在该图像中，照明条件不佳，嫌疑人站在汽车旁边，车牌号码模糊难以辨认。最后一次任务要求学生构造并使用过滤器（渐进式），对图像进行一定程度的处理，使得可以从图像中识别嫌疑人并认读出车牌号码，如表 7.7 所示。

表 7.7 图像识别与处理

其他知识和技能	计算机科学编程概念	学习动力激励措施
矩阵	卷积滤镜	练习任务中现实世界的挑战对学生极具激励作用,而传统图像处理中的主题学习常常会让学生丧失信心
图像表示和图像压缩	矩阵运算	
位图与标量图形		
图像正常化		

7.3.8 碰撞检测

这个例子中呈现给学生们一个完整程序(这一程序以小行星游戏 The Game of Asteroids 为基础),直观显示粗略和精准碰撞检测,以及碰撞对最大动画帧率所带来的影响。要求学生对粗略和精准碰撞方法的相对结果进行评估,得出准确性和结果之间的折中优化策略,如表 7.8 所示。

表 7.8 对相对结果进行评估

其他知识和技能	计算机科学编程概念	学习动力激励措施
三角学进阶	碰撞检测算法	学生往往十分熟悉这个问题,容易受到启发,能够寻找到产生最佳游戏玩法的策略
	启发式算法	

7.3.9 Boids 人工生命群体程序

这是迄今为止展现给学生们最复杂的编程示例,Craig Reynolds(Reynolds,1987)编写的 Boids 模拟的面向对象版本,使用 Processing 语言编写,课程内容介绍了相关概念,描述了整体设计、主要类以及实现细节。

这一实例要求学生能够读懂并遵循这段相对复杂代码的逻辑。例如,指导学生们改变三个矢量的权重,这三个矢量决定了 Boids 在每个离散决策周期的速度和加速度(且这三个矢量与帧率一一对应)。为了能给学生们带来更多的参与感,我们鼓励学生们尝试使用高斯分布来分配权重。学生们能够修改邻域定义。在最后的练习中,学生们还会考虑使用各种方法来改进算法,使用更为复杂的 Boids 动画进行实时群体模拟。具体来说,学生们被要求考虑使用一种方法,而这种方法可以在程序中避免在每个周期都去检查每个 Boids 位置,以确定这个位置是否可以被当作一个邻域,从而便于计算所需的对齐矢量,如表 7.9 所示。

表 7.9 计算所需的对齐矢量

其他知识和技能	计算机科学编程概念	学习动力激励措施
数值分布	面向对象设计	学生们特别着迷于 Boids 行为,尤其是这种简单规则的应用所带来的行为复杂性
	复杂性	
	代码优化	
	算法优化	

7.3.10　递归

递归对于学生们来说可能是一个困难的知识点，图形化处理是一种便于学生理解递归的方法。课堂上为学生们展示一系列示例，包括二叉树、谢尔宾斯基三角形(Sierpinski Triangle)科赫雪花(结合递归)以及曼德布洛特(Mandelbrot)集合。配套一系列相关练习，帮助学生学会使用线性、二进制和尾部递归。最后一个重量级练习要求学生们在二叉树构造中添加真实感，如表 7.10 所示。

表 7.10　递归训练

<table>
<tr><th>其他知识和技能</th><th>计算机科学编程概念</th><th>学习动力激励措施</th></tr>
<tr><td>分形学</td><td>递归和递归类型</td><td rowspan="4">通过图形探索递归——二叉树、谢尔宾斯基三角形以及分形——将真实性带入图形二叉树的构造中可以有效激励学生的学习动力</td></tr>
<tr><td rowspan="3">复数</td><td>递归性能</td></tr>
<tr><td>二叉树</td></tr>
<tr><td>二叉搜索树</td></tr>
</table>

7.3.11　Processing 语言与 Java、Python、JavaScript 和 Android 之间的关系

课程模块最后一个主题，即将 Processing 语言作为 NetBeans IDE(专为软件开发者提供的一个免费开源集成开发环境)中的一个 Java 类库。这一部分详细描述这一语言的执行以及将其合并到一个传统的 Java 应用程序的方式。这一章节还描述并演示了 Python、JavaScript 和 Android 中的 Processing 应用，如表 7.11 所示。

表 7.11　Processing 语言的执行方式

<table>
<tr><th>其他知识和技能</th><th>计算机科学编程概念</th><th>学习动力激励措施</th></tr>
<tr><td rowspan="3">比较编程语言</td><td>编程架构</td><td rowspan="3">许多学生学习到这个阶段，已经发现 Java 与 Processing 之间的关系。本节主题学习可以帮助学生加深理论理解</td></tr>
<tr><td>API(应用程序编程接口)</td></tr>
<tr><td>包装类型</td></tr>
</table>

以上示例主题清单覆盖的范围可能并不详尽，每次课程模块提交，我们都会更改其中使用的示例。目前为止，课程模块已使用了 8 年，一些示例已经非常陈旧，需要推陈出新才能够帮助学生更好地学习。同时，有些示例可能还存在性别偏见，我们将不遗余力解决这些问题，一改之前明显呆板固化的模式。

7.4　模块评估

模块评估有考试和课程作业两种方式。学习模块课程的学生，要在第四周提交作业(包括课程后期将涉及的未来主题列表)。我们为学生们提供更多复杂的 Processing 示例，启发学生们的发散性思维。Processing 运行环境及信息请访问 OpenProcessing.org 网站(www.

openprocessing.org)。课程作业部分,呈现出一个虚拟展厅,也是一个面向全世界的学生作品展示平台。每个学生都可以在平台上简短介绍自己所选择的作品主题,如果学生导师认为作品项目具有挑战性,还能体现出模块的学习目的,就可以将这个作品继续推进。通过这个虚拟展厅,在课程模块剩余的实践环节中,每个学生的作业进度都受到监控,如图 7.2 所示。

图 7.2 大一学生完成的游戏作品

7.5 讨论

影响课程模块成败的决定性变量有很多。由于本课程模块不是一个受控实验,所以不适合将本课程模块与其他课程模块做对比,或轻易得出结论。然而,我们可以从广义上指出这个课程模块的一些优缺点。

学生的留级问题得到极大改善,能力较弱的学生无疑被这种新的课程模块激发出学习的动力。大部分学生在课程模块布置的学生作业中表现优异,超出我们的教学预期,学习动力与学习表现持续优良。能力较强的学生匹配到充分的学习资源,新课程模块调动起他们的学习积极性,让他们直面挑战。然而,课程模块也受到一些诟病,例如,访问控制修饰符(Access Modifiers)缺失,Processing 语言中类型转换方式过于简单化等。实际操作中,编程环境较为简单,则部分能力较强的学生不得不屈就大众。的确,很多学生都能快速将 Processing 核心导入 Net Beans 或 Eclipse Java 环境。

Processing 的预处理器能够在 Java 语言中 Class 类内部包装 Processing 代码,无须声明和实例化所属的类,即可访问函数。结合丰富的图形功能,这能够让学生们关注算法内容。实际上,该语言是一种更易于访问的 Java 形式,结合了简单的 IDE 和功能丰富的图形 API。对 Intrinsic Java 进行更改,通常都应引入 println(Java 语言中的换行打印命令),而不是对 System.out.println(输出字符串)进行解释。因为解释 System.out.println 要求学生不去充分理解这个概念,这也片面地解释了为什么这一语言造成学习边缘化的问题,因为在某一特定时刻，如果学生无法理解一个概念，就会挫伤他们学习的信心，以至于对后续蜂拥而至的相关问题无能为力，毫无准备。

毫无疑问，通过学习该课程模块，许多之前 CS1 不合格的学生对编程技能学习的内在动力得到了进一步激发。学生们积极地展示自己的作品，对自己的作品感到骄傲自豪，并且倾听其他同学的意见和建议。与此同时，负责课程模块讲解的教师已经说服了一家欧洲大型公司来赞助年度最佳学生作业奖。该课程模块非常实用，能够解决实际问题，能够与传统的教学编程，即用 Java 语言进行编程的 CS1-CS2-CS3 模块并行不悖。从此以后，许多英国大学都将 Processing 编程语言作为第一编程语言。有趣的是，Murphy 等在 2017 年对编程语言的使用进行了调查，得到如下结论。

英国进行了首次调查，结果表明刚接触编程的新手(计算机科学专业的学生)，在大学中的编程学习仍普遍使用主流 Java 编程语言。尽管实际上调查对象反映 Python 编程语言易学易教(Murphy 等，2017)。

当然，出现以上结果的原因可能在于，受访者在选择第一语言时不仅考虑了“可教性”，也将其他能力，如“就业能力”考虑在内。

从作者的视角来看，作为一名编程教师，这个课程模块延长了教学的“保鲜期”。和过去课堂上学生昏昏欲睡打哈欠，测试一堆毫无意义的字符和数字堆栈实现的场景不一样，在现在的课堂可以看到在纸牌游戏中，学生们从废弃牌堆里找回纸牌时欢呼雀跃般的兴奋；在递归课程模块中，学生们饶有兴趣地给二叉树加上视觉叶结点。在此之前，很明显，学习 CS1 课程的一些学生并不能真正理解二维阵列。课程模块中，康威的生命游戏(Conway's life)激发了能力较弱学生的学习动力和视觉反馈，使他们能够感受学习的关联性，并能掌握学习主题。对于那些几乎没有数学或理科背景的学生，通过课程模块的学习，也开始对三角学、牛顿定律、抛物线曲线和频率分布有了一定的了解，这些都让游戏变得可玩，使其更富现实感，是给学生带来的间接福利。总而言之，这个课程模块让学生们变得更有学习热情地积极参加学习，融入实践课程中，而不是带有责任感地被动学习。

这个课程模块学习更为优秀的一点就是，教学过程中没有做出任何妥协。一方面，计算机科学和软件工程教学中，为了达到与 CS2 模块相同的学习目标，我仍然教授 Java。而新的这个课程模块是一种额外的教学工具，可以用它来构建教学内容，既能激发学生兴趣又简单易懂。使用 Processing 而不仅是 Java，其成本费用几乎可以忽略不计，但是它最终能够引导学生理解如何设计有效的应用程序框架。非常感谢 Processing 开发团队，谢谢他们为计算机教学作出的卓越贡献

参考文献

第 7 章.docx

第8章

信息系统建模教学的最佳实践

Steve Wade

摘要：信息系统建模(ISM)这门学科起源于计算机科学，它填补了程序员在解决用户问题时所造成的空白。ISM的目的是促进技术人员(许多人不知道组织的复杂性)与终端用户及其管理者(许多人无法将问题转化为对技术的可行需求)之间的沟通。因此，信息系统开发的“最佳实践”可能是以某种方式促进这两方之间的沟通。本章所描述的工作主要集中于记录实践，这些实践解决了从需求模块无缝过渡到技术的问题。这就需要对三十年来在高等教育背景下讲授信息系统模块经验的反思与总结。

关键词：信息系统建模；需求模型沟通；模块语言

8.1 背景

信息系统建模(ISM)这门学科起源于计算机科学，它填补了程序员在解决用户问题时所造成的空白。ISM的目的是促进技术人员(许多人不知道组织的复杂性)与终端用户及其管理者(许多人无法将问题转化为对技术的可行需求)之间的沟通。因此，信息系统开发中的“最佳实践”可能是以某种方式促进这两方之间的沟通。

在选择最佳实践的示例以及研究如何教授这些示例之前，我们先考虑技术人员和终端用户之间沟通不良的可能后果。关注这些将使我们更清楚地了解我们所选择的实践带来的具体好处。我们将重点关注沟通不畅可能带来的两种后果。

(1) 终端用户对他们所需要的东西持片面的观点，没有想到其他更好的解决方案(他们无法想象)。

(2) 技术人员对用户需求有错误的认识，因为用户没有向他们清楚地说明情况。

充分的证据表明，许多信息系统故障是由于一个或两个原因，导致“按需”系统与“按交付”系统之间存在差异。如果要避免这种差异，我们需要按以下开发方法进行：

(1) 通过提供机制，掌握信息系统开发支持人类活动的细节。这涉及开发某种信息需求模块。

(2) 实现信息需求模块与系统技术设计的无缝转换，满足模块的需求。

这里描述的工作主要集中于记录满足上述要求的实践。这涉及对三十年来在高等教育背景下对讲授信息系统模块的经验的反思和总结。在20世纪80年代，当我们使用塑料流程图模板、铅笔和大量的打印纸时，我们学到了一些经验。

在20世纪90年代，随着CASE(计算机辅助软件工程)工具的兴起，更多的案例出现了，要求设计者开发越来越精细、内部一致的图表集合。近年来，随着编程环境的发展，鼓励人们采用非正式的建模方法，我们学习了重要的经验教训。

除了学习过去的经验教训，让学生为未来做好准备也很重要。大多数软件系统都嵌入社会系统，因此很难确定社会技术系统的边界。例如，社交网络、旅游预订和在线购物的应用程序对人们建立人际关系的方式、旅行方式和购买方式产生了深远的影响。

Becker 等(2016)认为，软件系统要在社会系统中扮演关键角色，则需要转变软件工程思维的模式。我们认为，学生需要为这种转变做好准备，这种转变将会把重点放在可以通过信息系统建模来解决的架构问题上。

8.2　引言

本章主要借鉴多年来信息系统建模教学的经验，在信息系统管理硕士和高等计算机科学硕士课程上，共同向研究生教授一个信息系统建模模块。从需求分析到实现的整个开发生命周期，它采用了统一的建模语言(Unified Modelling Language，UML)。

所有的学生都有一些建模方面的基础，但是那些信息系统管理的硕士研究生倾向于从商业模式的角度考虑问题，而高等计算机科学的硕士研究生则倾向于将建模视为高级编程。这就出现了一个挑战，学生从不同的起点，以不同的见解，对学科的本质有了更深的理解。

在学习本模块的过程中，我们进行了以下活动，每项活动将在本章的其余部分中更详细地描述。

(1) 设计一种模块语言来组织系统开发技术应用的最佳实践。在开发模块语言时我们注意到，有必要鼓励学生最大限度地了解开发过程。因此，这些模块不能由简单的指令列表组成，并且不能只是一味地遵循这些指令。

(2) 为模块语言编写教学材料。

(3) 运行模块。每周以多种方式观察模块的进度，包括一系列连续的学生反馈机制。

本章的后续部分反映了我们参与这些活动学到的东西。

8.3　模块语言

在过去的十年中，模块在信息系统设计中得到了广泛的应用。在这里的语境中，模块是解决反复出现的文字问题的一般方法。这种方法起源于建筑学，特别是 Alexander(1979)的作品。在 ISM 中，模块被用来缓解沟通中遇到的问题，思考复杂设计背后的意义(Gamma 等，1995)。模块通常由特定的样式和结构来描述。模块一般包括要解决的问题、产生问题的原因、解决方案、方案的特定应用示例，以及解决方案的后续借鉴价值。

下面的例子涉及建模中的一个常见问题(应该也是一个大众熟知的问题)，在这个问题中，学生表示两个对象之间的多对多关系，而第三个对象可以更好地表示这种关系。

问题

如何建立具有多对多关系的两个类之间的关系模型。

原因

现实世界中经常出现多对多的关系。

在一些面向对象的编程语言中实现多对多的关联可能比较困难。

多对多关系在关系数据库系统中不能直接实现。

多对多关系通常非常复杂，需要添加额外的类别。

解决方案

通过创建具有两个一对多关系的中间链，将两类事物之间的多对多关联转换为三类。中间链应该起到连接的作用。

例子

将学生与模块之间的多对多关系重构为两个一对多的关系：一个是学生和工作记录之间的，另一个是模块和工作记录之间的。

结论

现在可以存储每个学生模块成绩的详细资料，作为新“工作记录”类的属性。

总结

如果发现情况□ m——m □，则考虑用它来代替：□ 1——m □ m——1 □。

这样的模块可以引导学生远离常见的问题，进入良好的实践环节。我们列举了许多与常见问题相关的模块。最初，我们使用了从 Ambler(1998、1999)和 Evitts(2000)的公开资料中提取的模块。我们花了一些时间为这些模块重新编写语言，以使其集合具有一致性。

这个集合的一个关键特性是表达清楚了模块之间的关系。当许多模块以这种方式相互关联时，我们称它为“模块语言”。因此，我们试图开发一种模块语言来支持信息系统建模课程的教学。本章后续提供了具体模块及其关系的更多示例。

8.4 模块语言的框架

大多数现代信息系统建模课程都基于统一建模语言(UML)。UML 提供了一组图表，帮助我们进行系统设计的可视化。它由国际标准化组织(ISO)发布，并作为 ISO 的标准。在决定使用 UML 之后，我们需要决定采用哪种开发方法。目前使用最多的是以模型为中心的方法，统一的软件开发过程(Unified Software Development Process，USDP)，但是它既庞大又复杂。

我们没有采用 USDP，而是根据我们早期对多方法框架设计的研究(Salahat 和 Wade，2009)，设计了我们自己的简化方法。在该研究中提出了一个框架，将面向对象方法的原则汇集到设计软件系统中，并将“软系统”方法作为业务分析的一部分，应用到分析社会系统上(Checkland，1999)。这种方法需要一些说明。

信息系统建模的教学侧重于与“硬系统”设计相关的问题。硬系统是在开发项目时产生的技术系统，每个硬系统都有它特定的社会环境。这一环境可以被看作与人类活动紧密联系的软系统。这样看来，不应该将硬系统与它们所处的软系统分开来分析。

在分析现有系统或设计新系统时，需要同时考虑作为开发产品的硬系统和与其紧密联系的软系统。这很有挑战性，因为软件系统的工作通常抽象难懂，组织的需求也很难预测。UML 涵盖了硬系统设计的所有方面，但是对软系统的描述要少得多。相比之下，软系统方法论(Soft Systems Methodology，SSM)关注的是软系统。

除了用 SSM 的技术来补充 UML 建模之外，我们还想向学生介绍人物角色分析，以此来培养对用户的同理心。

定义人物角色是用户界面设计中的一个既定实践。Blomkvist (2002)对人物角色的描述如下。

人物角色是一个模型，用户在使用一个人造物品时，关注的是个人的目标。该模型作为软件和产品设计的工具，也具有特定的用途。人物角色模型类似于经典的用户配置文件，但有一些重要的区别。它是真实用户或潜在用户的典型代表，而不是对真实的单一用户或普通用户的描述。人物角色代表用户行为、目标和动机的模式，编译成一个虚构的个人描述。它还包含了虚构的个人细节，以使开发团队的人物角色更加“切实和生动”(Blomkvist, 2002)。

我们要求学生开发角色，包括一个虚构的名字和生活故事，一张图片，和一个“标签行”——一个短语，假设是由角色写的，代表与开发项目相关的角色。我们在教学中使用的案例研究与自己的部门有关。因此，我们鼓励学生为以下各项塑造自己的角色：计算机科学学生、信息系统学生、课程管理员、讲师和提供实习岗位的组织代表。

虽然人物角色主要应用在用户界面设计的环境中，但是我们发现花时间开发角色可以将注意力集中在具体需求上。学生们不再以抽象的形式引入用户，而是通过名称引入角色。于是，计算机科学专业的学生“成为”了 Jo Smith——他刚刚获得了软件工程学士学位，他对自己的编程能力充满信心，但对撰写论文和报告缺乏信心。他的口号是“我宁愿写代码，也不愿写散文”。

相比之下，信息系统专业的学生“成为”了 Sue Rachel——她刚刚获得了法学学士学位，更加关注科技对社会的影响，但对自己编写代码的能力缺乏信心。她的口号是：“技术永远不会取代伟大的人，但它可以帮助普通人实现伟大的成就。”

根据该框架的基本结构，我们围绕以下主题开发模块并为它们编写了教学材料：

如何使用角色分析来帮助开发人员了解用户的需求；

如何使用软系统方法论来解决问题；

如何从软系统模块中提取案例；

如何开发与每个案例相关的序列图；

如何从序列图集合中开发域模型；

如何将域模型转换为类别图和数据库设计；

如何使用“裸对象”将图转化为面向对象的软件系统模块。

我们把这些问题所隐含的方法作为课程结构和作业规范的基础。我们采用了“脚手架”教学法(Larkin, 2001)。这包括按照上面的结构进行一些练习，然后要求学生将这些技巧应用到相关的案例研究中。用于评估的案例研究是基于像我们这样的学术部门的需求。

详细讨论每个主题则会超出本章的范围，下面的示例旨在让不熟悉技术的人了解每个步骤中生成了哪些可交付成果。

这里使用的例子涉及将一个同伴辅导系统引入学术部门的决定，以便在编程模块上为学生提供额外的帮助。他们的想法是，对自己的编程技能有信心的学生会为不那么自信的同事提供帮助。我们刚开始要求学生为使用这个系统的人开发一个简单的角色。

如上所述，角色是一个虚构的事物，通常具有名字、图片、行为特征、常见任务和描述角色想要解决的问题或角色想要实现的目标。UML 中不考虑角色，因此我们基于上面列出的要求设计了自己的简单模板。在填写此模板时，鼓励开发人员以具体的、有形的方式可视化用户。所以上面提到的人物 Jo Smith 和 Sue Rachel 可能分别作为辅导教师和学生参与同伴辅导系统。

从角色分析开始，接下来要求学生进行一个简单的业务分析，而不关注软件的设计。同样，这也超出了 UML 的范围，因此，正如上面所解释的，我们已经从软系统方法论中引入了技术。我们可以用内容丰富的图 8.1 来开始工作。

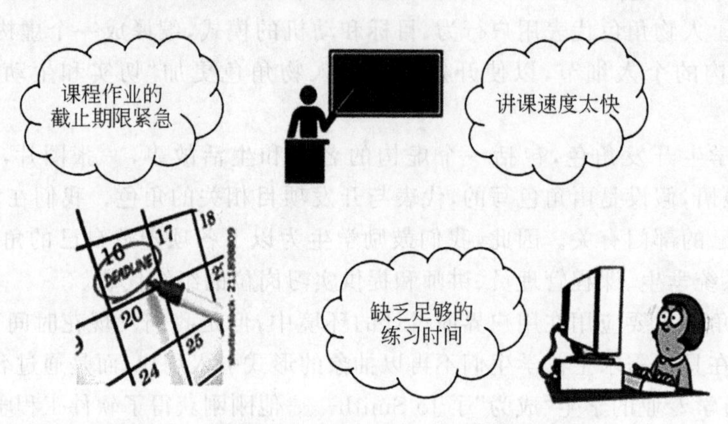

图 8.1 初始内容丰富的图片提问同伴辅导系统

我们发现，通过内容丰富的图片讨论问题是一种很好的，但不用于关注解决方案的方法。通过讨论确定问题的初始定义，这在 SSM 中被定义为对所需的人类活动系统（Human Activity System，HAS）的简洁描述。开发多个初始定义是可能的，每个定义提供了对所需内容的不同观点。以下是对同伴辅导系统的解读：

该课程拥有一个系统，该系统中有编程经验的志愿者为学生提供技能指导，并由学术人员监督指导的质量。

一旦我们开发初始定义或一组定义，下一步就开始开发更详细的活动模块。这些在 SSM 中称为概念模块，我们将为每个定义开发一个概念模块。以下示例最初由 Wade 等提出（Wade 等，2012），包括可能由软件支持的活动，以及其他不借助软件的情况下实施的活动，如图 8.2 所示。

在开发这种类型的图表时，我们鼓励学生使用我们所提倡的社会系统。在这个简单的案例中可能存在以下问题。

- 较弱的学生会参加这些课程吗？这样的课程是否会吸引那些已经有能力编程但想要进一步发展技能的学生？
- 是否应要求一些能力较弱的学生参加课程？如果是，该如何确定这样的学生？
- 我们应该支付同伴导师费用吗？他们会选择用金钱作为回报吗？

这个研究可能会引导我们开发更多的活动模块。例如，我们可能会监控会议出勤情况，并为出勤监控系统开发以下功能，如图 8.3 所示。

在开发这些模块时，我们没有考虑软件能够如何帮助相关人员。这是用例模块应该做到的。用例是 UML 的一部分，需要软件的支持。如果要从活动模块中开发一个用例图，我们将从业务分析过渡到软件设计。用例（图 8.4）可以从图 8.3 中的概念模块中得到。

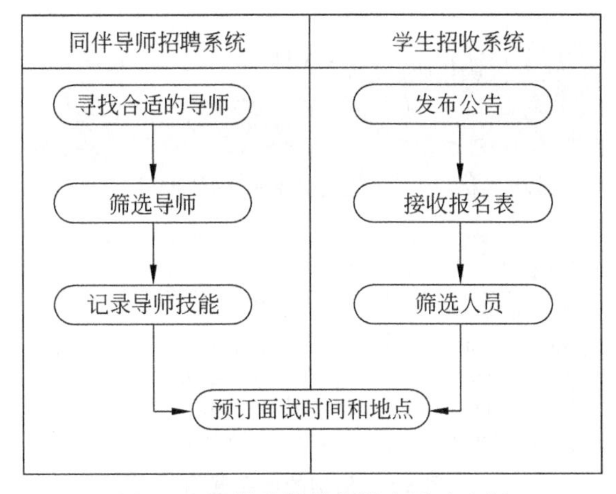

图 8.2　不借助软件的社会活动案例

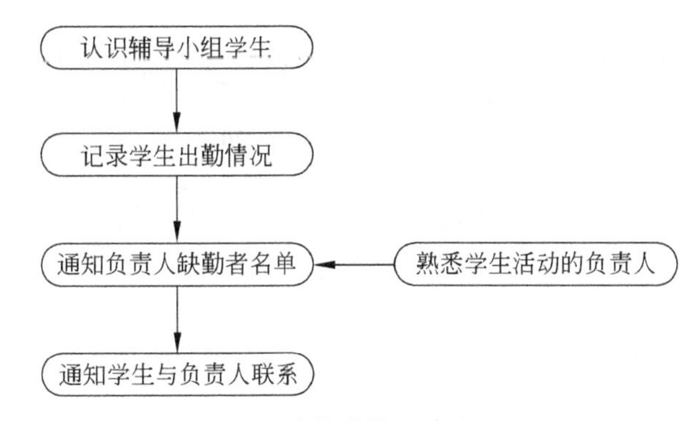

图 8.3　出勤监控系统流程图

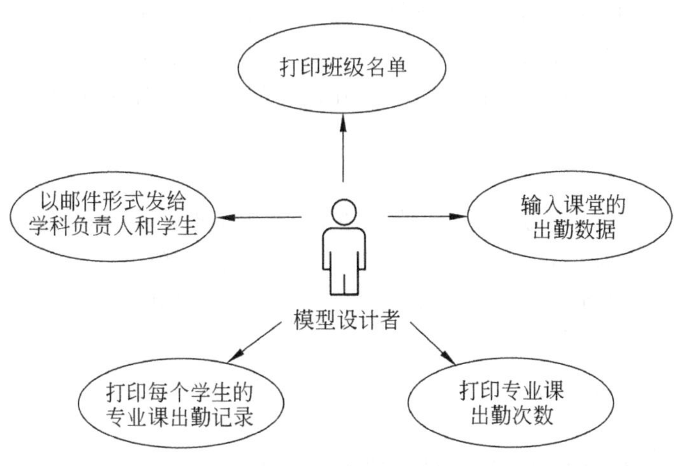

图 8.4　用案模型(Wade 等,2012)

如果我们关注“打印班级名单”案例,我们可能会构建这样一个简单的用户界面原型,如图 8.5 所示。

在这个接口后面,我们的软件系统可由协作对象组成。高级序列图(图 8.6)描述了一些

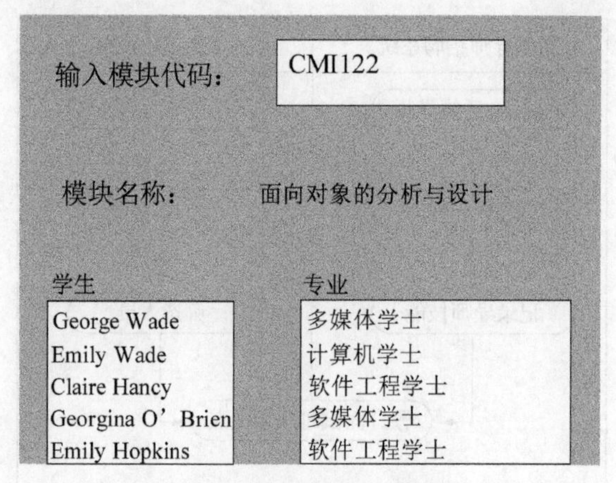

图 8.5 用例的屏幕截图

对象可能具有的角色，即“幕后”。

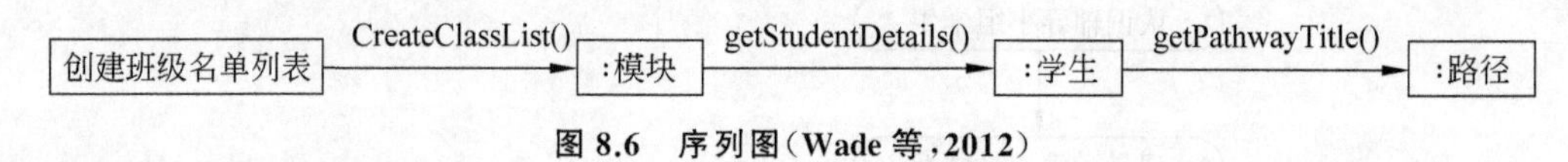

图 8.6 序列图（Wade 等，2012）

我们发现学生们很难从用例模块转换到序列图中，所以我们提供了以下模块，并在课堂上进行了讨论。

问题

学生很难从用例模块中开发序列图，怎样做才能让这个过渡更容易？

原因

对于计算机系统的“一英里高”视图来说，一个高级用例图（如图 8.4）是合适的。对许多利益相关者，如赞助商和经理而言，这就足够了。然而作为设计师，我们需要展开讨论并详细定义它们。我们知道系统面向用户不同，展示的内容也不同，我们需要详细定义这种交互发生的方式；在完成这一步骤之前，我们不能开发序列图。UML 中没有规定用例应该记录哪些详细信息。

解决方案

将用例的详细过程记录为一系列步骤。在适当的情况下，每个步骤都应该包括对一个或多个域类的引用，并标识这个类在用例实现中应该扮演的角色。我们可以使用这个描述作为开发初始序列图的基础。在“从主路径开发序列图”模块中指定完成此操作的方法。

例子

此用例将现有学生注册到其有资格参加的同伴辅导课程中。

关键步骤

(1) 案例始于学生想要参加同伴辅导课程的想法；

(2) 学生在系统中输入姓名和学号；

(3) 系统验证学生是否有大学入学资格；

(4) 系统显示可选择的同伴辅导课程列表；

(5) 学生选择其希望参加的课程；

(6) 系统检查学生是否可以在选择的模块上注册并加入课程；

(7) 系统要求学生确认其想参加的课程；

(8) 学生表示想报名参加会议；

(9) 系统创建学生在课程中的注册记录。

然后将这些步骤映射到序列图中，以便对象之间传递消息。案例描述中的每一行都可能映射为对象之间传递的单个消息。我们将为每个用例开发一个序列图，然后开发一个与所有这些序列图一致的域模型。从这个单序列图派生的域模型可能如图 8.7 所示。

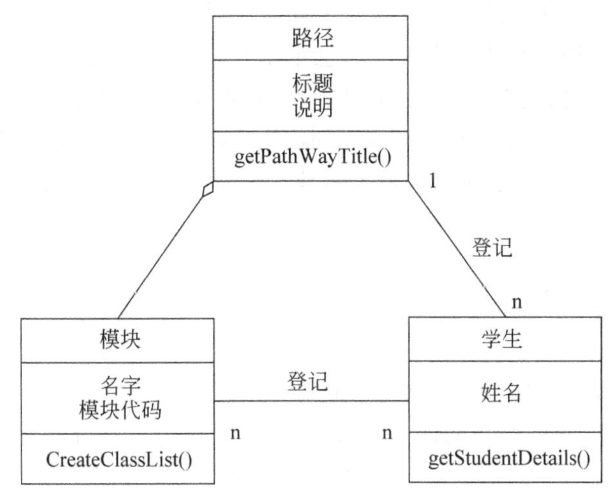

图 8.7　域模型

该域模型可作为面向对象软件系统设计和关系数据库结构的基础。我们已经开发了将域模型转换为物理数据库设计的模块，主要是通过添加主键和外键来创建表之间的关系。一个单独的模块讨论了将继承关系映射到关系结构中的方法。

在开发用户界面时，我们鼓励学生使用裸对象架构模块(Pawson，2002)直接从域模型生成图形用户界面。模块使用反射自动生成初始用户界面。通常，此接口将显示一系列窗口，其中包含表示每个域类的图标，然后通过双击类的图标来访问它。在上面的示例中，我可以选择一个特定的模块，然后右击该模块并选择“创建班级列表”操作，以查看当前注册该模块的学生列表。

其他功能可以通过拖曳来实现。例如，如果希望将学生注册到模块上，可以将代表该学生的图标拖曳到代表该模块的图标上，从而创建他们之间的关系。应用此模块的一个优点是，域模型与接口中显示的内容之间的结果关系非常形象。域模型的更改(例如，在 Student 上添加一个名为 Get coursework marks 的操作)会进入代码，然后直接进入用户界面。从教学的角度来看，这有助于强化这样一种观念，即建模既要表示现实世界，又要设计软件。

教学过程中一个重要的部分是找出学生困惑的具体问题，然后为改善这些困难提供具体、详细的指导。更具体地说，我们考虑了在过渡到设计之前，进行彻底的业务分析，以找出存在的困难，从用例视图过渡到软件架构的幕后视图，应特别关注从设计到实现过渡的过程。设计一个能反映软件结构的接口。我们已经从获得良好实践的模块之间的关系方面讨论了这些转换。

我们以一种基于不同发展情况的“房间”隐喻的方式呈现这些模块。第一个房间是关于开发用户角色的，它是一个开发基于软系统方法的分析模型的房间。这个房间包含开发一系列软系统模型的模块，包括丰富的图片、根定义和概念模块。相邻的一个房间包含一些模块，通过将分析模块转换为一个用例模块来实现从分析到设计的转换，每个用例都有详细的结构化文档。下一个房间包含进入物理设计以及进入代码的模块，其中包括“开发一个序列图，显示域类如何在用例实现中协作”。这应确保用例描述中的详细步骤与序列图上传递的消息相关。相关模块将解释应如何分配操作给映射到序列图上消息的类。

如上所述，当许多模块以这种方式相互关联时，我们将这种结果描述为“模块语言”。因此，我们正试图开发一种模块语言来支持信息系统建模。我们认为模块的方式特别适用于完成这个目标。它们是描述性的，而不是规定性的（不像最详细的开发方法）。它们以开放式的形式获取专业知识，从而形成一种“超文本”的资源结构，并在相关模块之间建立连接，且无须强制执行特定的活动序列即可进行探索。这些模块还可以用作开发分配规范的基础。本章的结尾部分将对后一个主题做更多的介绍。

8.5 运行模块

根据上述讨论，我们能够为开发该领域的模块提出以下指导方针。

（1）设计一个基于投资组合的评估，可以分阶段完成，每一阶段与教学中使用的模块保持一致。对于每种模块，我们都指定了可以在评估网格中表示的可交付成果。在上述模块的情况下，其中一个部分可以是与早期概念模型一致的用例模型，并在映射到序列图中消息的步骤中进行描述。然后，这些模块成为解释所需内容的一部分，并与反馈网格清晰地连接在一起。

（2）提供形成性的课堂调查，鼓励学生思考他们对关键模块的理解。在上述的第一个例子中，他们能否提供一个两个类之间多对多关系的例子，再通过第三个类更好地表示这种关系？他们能看出提议的解决方案会有什么帮助吗？他们能将这种学习方法应用到课程案例研究中吗？

（3）鼓励学生在完成课堂调查或作业前讨论个人模块以及如何将其应用于案例研究。应该鼓励学生识别新的模块并将其融入模块语言，或者改进现有模块的文档。

（4）通过每周检查学生课程样本和课堂调查，定期收集数据。使用反馈来通知模块描述的改进和新模块的识别。

这4条指导方针通过经常监控学生的进步来指导他们完成评估过程。作者希望这将促进课程规范和教学材料的准确度不断提高。

关于上面的4个步骤，我们采用了各种不同的方法来收集评估信息。这些方法包括我们在教学开始前分发的课前问卷，旨在建立学生的背景知识和期望；一系列不记名的课堂调查，以测试学生对所讨论模式的理解和自信；简短的反思性论文，也是课程作业组合的一部分，要求学生就基于模块方法的有用性发表个人意见，并在课堂上进行焦点小组讨论。

除此之外，在评分过程中，我们对学生在课程中最常见的错误进行了分析。我们发现了许多反复出现的错误，并对模块语言进行了修改，以防止这些错误。下面给出了一些例子。

（1）图表之间的不一致。例如，出现在序列图中的操作在类图中不存在。

(2) 未能使用案例来研究材料中提供的特定领域术语。在上面的例子中，我们提到了 Pathway，而其他人可能使用了 Course 这个术语。重要的是，可以在用户文档中找到模型中使用的语言。

(3) 具有含糊不清或误导性名称的操作。我们已经看到名为“全部更新”或“重新考虑”的一些操作，这对于除了原始程序员之外的任何人来说几乎毫无意义。

(4) 域模型中使用的数据库概念（例如主键和外键依赖关系）。域模型意味着可以在面向对象的软件设计中使用的抽象表示，或者本体不是物理数据库设计。

(5) 属性或关系不支持的操作。某些操作取决于与其他类连接的可用性，或必须包含在域模型中的数据属性的可用性。

(6) SSM 模型与用例模型之间缺乏一致性，例如不能从概念模型的活动中推断出用例。

我们继续致力于开发模块，引导学生远离这些类型的错误。我们计划通过一个基于我们的“房间”隐喻的网站来展示这些，并在相关模块之间建立超链接。我们认为以这种方式工作可鼓励我们和学生考虑信息系统设计的重要方面，这些方面在教授信息系统建模的课程中经常被忽视。下面列出了其中一些例子。

(1) 我们鼓励学生采用不同人员的多个系统观点。对这些观点的承认和探索强调了重要的一点，即大多数系统通常具有多个目的和许多意想不到的后果。

(2) 我们的方法主要以目标为导向。对用例的集中关注确保了所有提出的要求在规定的目标方面是合理的。

(3) 我们的模块语言中记录的所有技术都已经建立，并且经过了很好的实践。我们没有提供任何形式的模块，因为这些模块没有以某种形式证明对开发人员有用。我们希望演示方式比用户手册或详细的方法文档更有效，但其目的不是提供任何新的东西，而是组织和记录在该领域工作过的许多才华横溢的软件工程师和系统分析师的精辟智慧。

8.6　结论

本章描述了我们多年来对信息系统建模课程模块的教学方法。我们已经将该方法描述为围绕多方法系统开发框架构建，我们已经以模块语言的形式记录了该框架。这一基本结构已经通过许多反馈机制（包括课堂调查、小组讨论和反思性论文）和一致的评估策略进行了尝试和测试。这些反馈机制获得的结果鼓励我们不断完善教学材料和评估策略——我们相信这些变化都是有意义的。

参考文献

第 8 章.docx

第 9 章

使用知识导图提升设计思维：计算机游戏设计与开发教学的案例研究

Carlo Fabricatore 和 Maria Ximena López

摘要：现代计算技术主要是以人为核心的技术，这种技术增强人们解决问题的能力，以各种有意义的方法来满足不同的情境需求。发明这些技术需要使用多种思路和方法，打破传统模式的局限，当问题情境定义明确时，着重于人机交互具体方面。设计思维是一种解决问题的策略，其策略定义并不明确；解决这个问题需要通过一个系统的迭代过程，这个过程融合了探索、构思和测试的解决方案，涉及多个利益相关方的参与，纵使彼此的需求经常互相矛盾，还需要进行需求调查，并且满足所有需求。世界复杂多变、充满挑战，学生们需要拓展设计思维，才能应对纷繁复杂的变化，以此为目标，能够有相关的方法和工具支持教育实践，就显得非常重要。本章将介绍知识导图的使用方法，提升游戏设计和开发专业学生的设计思维。知识导图由行业专家创建，是层次概念图的一种变体，帮助学习者构建自己的知识体系。游戏设计知识导图涵盖多学科知识的整合和构建，包括游戏系统、玩家、游戏规则，以及设计和测试过程。这样的架构设计，以重点关注人们需求为驱动，可以帮助学生们以迭代和递进的模式进行探索。从收集到学生们的反馈看到，知识导图包含大量的信息，但是结构非常简单，容易获得，能够培养学生的设计思维。知识导图可以帮助学生将主题和想法联结起来，引导他们完成整个设计思维过程。也就是说，传授知识必须有合理的架构，有效地帮助学生们学习“如何”去想，而不仅仅停留在想“什么”。

关键词：设计思维；概念图；游戏设计；解决教育问题

9.1 引言：人本设计思维在计算机科学教育中的必要性

现如今，计算设备渗透并塑造了我们生活的许多方面。我们工作、社交、学习、娱乐，以及参与其他类型的活动，都受到这些计算设备带来的影响，它们定义着我们的日常生活，从而定义我们的身份。除此之外，计算设备和计算机程序比以往任何时候都更深刻依赖人的因素，源自于人，也最终为人服务，满足多重条件下的复杂需求。

计算技术之所以具备定义能力，是因为设计计算技术是为了协调人类活动，将抽象的技术特征服务于有意义的人类需求和愿望(Jaimes 等，2007)。相应地，现代计算强调了计算机科学(CS)的重要性，完全接受以人为中心的方式和方法(Taylor，2000；Jaimes 等，2007；Grudin，2012)。这也意味着计算机科学(CS)应当是一种科学尝试，旨在研究同等程度上计算创建工件(Computational Artefacts)在抽象方面"能够做"什么，以及如何协调人的生活，如何进行设计和如何应用。进一步引申来看，计算机科学教育应当能够帮助学生带着人本视角去设计、开发，以及评估计算创建工件(Computational Artefacts)。

以用户为中心在计算机科学中并不是什么新的概念。实际上，从20世纪70年代开始，关注人机交互已成为计算机科学以及计算机科学教育演变的重要驱动力(Grudin，2012)。然而，"人本主义"需要更多关注人与计算机之间的交互过程。应用人本方法需要关注整个人的经验，而不是关注计算创建工件的抽象特征(Taylor，2000；Giacomin，2014)。计算技术应当被视为具备情境化和带有目的的人类活动协调员，侧重于如何能够增强用户的能力，以合适的方式与环境进行交互，以及"用户"如何感知技术的潜能(Bannon，1991；Buchanan，1992；Giacomin，2014)。正因如此，考虑技术对用户及其环境可能产生的影响，用户、计算创建工件、技术使用的背景和目的，必须由一种整合的方式来处理(Bannon，1991；Taylor，2000；Giacomin，2014)。这就需要系统的思维方式，以用户为中心进行评估，采用以人为中心的设计思维，创建解决方案的迭代过程，合理处理不明确的问题。进一步延伸来看，首要任务就是促进教育中的设计思维，关注以人为中心的技术的创造(Cross，1982；Oxman，1999；Dym 等，2005；Dunne 和 Martin，2006；Fabricatore 和 López，2015)。

设计思维的特点是什么？通过正规教育，可以做些什么来促进它的发展？为了解决这些问题，本章先从特性讨论开始入手，讨论是什么样的特性将设计思维作为一种系统推理策略。随后，借鉴设计思维教育，概述通过正规教育培养设计思维的主要策略。相应地，我们分析了一个最主要的挑战，这个挑战经常阻碍设计思维的教育：向学生们教授知识。应对这一挑战，我们的对策是设计知识导图。设计知识导图是概念图的一种变体，旨在提供结构化的知识，支持计算机游戏设计与开发教学领域中设计思维的开发。通过实例研究，我们描画出游戏设计知识导图的结构，讨论其基本原理，并举例说明如何应用。随后，报告目前调查的初步影响。本章的总结部分是一些反思，需要在计算机科学教育中加强促进设计思维，以及在游戏设计和开发领域以外，探讨使用设计思维知识导图的可能性。

9.2 以人为中心的引擎——设计思维

设计思维是一种应用推理策略，融合了系统调查、战略规划、构建和测试，用于处理开放和不明确的问题，涉及多个利益相关者的交互(Buchanan，1992；Taylor，2000；Dorst，2011)。设计思维的核心目的是制定解决方案，为所有深陷问题中的利益相关者带来有价值的影响(Buchanan，1992；Dunne 和 Martin，2006)。与定义明确的问题解决方法不同，设计思维解决的是没有最佳或最终解决方案情况下的问题，适用于无法获得全面和稳定的需求知识，以及问题场景下无法得知工作原理的情况。利益相关方(经常)受到需求和限制之间互相冲突带来的影响，这些需求和限制，正如定义利益相关者存在与交互的环境条件一样，似乎都反复无常，不完全可知或可预测。因此，以不完全和不确定的信息为基础，通过不同视角，构思、应用和测试替代解决方案，设计思维探索和模拟出现问题的情况。这与定义明确的解决问题策略形成鲜明对比，定义明确的解决问题策略在充分了解问题情况基础上，制定"最佳"和"确定"的解决方案。这将设计思维区分为一个迭代解决问题的过程，系统地将溯因、演绎和归纳推理整合在一个渐进逼近的循环中，以得到一个"可接受""足够好"的解决方案，如

图 9.1 所示，设计思维过程的结构和原理，以及它侧重的利益相关方和他们的环境，认为设计思维是一种以人为中心的解决问题的方法，适合解决复杂的问题情境(Buchanan,1992)。此外，设计思维将新颖想法的产生与实施和测试相结合，使设计思维成为一个创新的过程(Dunne 和 Martin,2006)。

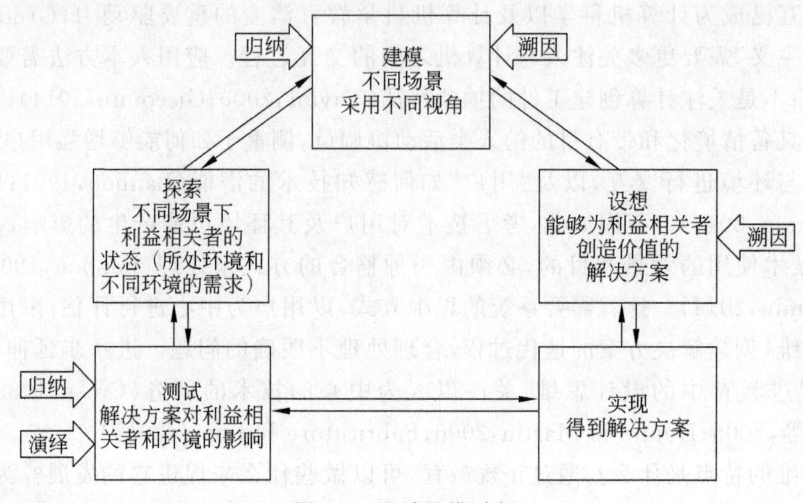

图 9.1 设计思维过程

9.3 设计思维是系统解决问题的方法

如前文所述，设计思维最显著的特征就是在解决问题中如何系统性地融合溯因、归纳和演绎。在特定情况下，通常问题是当前状态和理想目标状态之间的矛盾。出现问题状况，就是一个系统中有各种互相交互的元素。因此，问题由信息来定义。系统中涉及元素的类型和状态，以及它们相互作用的环境，调节它们相互作用和改变它们的工作状态，以及需要达成的理想目标。

当问题的状态非常稳定，可以运用演绎和归纳推理，通过直接探索进行可靠的调查和定义(Dorst,2011)。首先，问题稳定的状态也就意味着系统中各个元素的状态是可知的，在任何时间点都可以对问题的状态进行探索。随后，如果工作原理已知，只要知道问题的现状，就可以通过演绎推理预测未来的状态：了解情况涉及到什么，以及它是如何发挥作用的，可以预测功能运行的结果(Dorst,2011)。如果工作原理未知，则可运用归纳推理，观察系统状态变化中的模式，从而进行假设：了解情况涉及什么，并且观察功能运行的结果，就能够假设为什么会发生变化；进一步了解它是如何运转(Dorst,2011)。这些机制需要应用线性解决问题的方法，定义如何以最佳的方式来修改系统。如果现状、工作原理和目标状态都已经定义，通过回溯推理，可以假设出系统的哪一方面应该修改，从而实现目标：知道事情的运作方式，也知道它们工作的预期结果，可以定义哪些事情应该被定义，才能够达成预期的结果(Dorst,2011)。随后使用演绎推理证实或反驳假设，并进行改变，如用解决方案测试效果是否与预测的结果一致。可以想象一下，如想要提高网球运动员挥拍的力度(目标状态)。为了实现这个目标，根据定义明确的数学模型(工作原理)，已知球拍的重量影响击球力量，就需要设计一种更轻的球拍，这就要考虑是否引入变革性的材料：石墨烯。

对于开放式问题，情况可能要复杂得多，状态更稳定，而且定义更为不清楚。一旦出现这种情况，问题情境中涉及的要素，以及协调要素间的工作原理都是未知，并且都在变换，而且在某种程度上不可控。在这里，需要使用回溯推理，生成迭代公式，对工作原理和解决方案的平行假设进行测试，是一个系统的过程，这也是设计思维的特征，如图 9.1 所示。设定要达成的值（目标），设计人员用不同的观点来描述问题情况，构建不同的以及可能出现的复杂模型（Buchanan，1992；Dorst，2011）。每个模型都包括经过归纳推断和回溯假设的工作原理，还包括一个论点，这个论点与工作原理相关联，和期待达到的值或目标："如果我们以这种想法来看待问题情况，并采用与问题相关的工作原理，我们随后就能实现追求的目标"（Dorst，2011）。选择一个模型，以假设的工作原理为基础，回溯生成并应用解决方案，实现预期的目的。下一步，使用演绎推理测试假设的解决方案，并测试工作原理。如果解决方案生成了预测的目的值，并且是有效的目的值，可以支撑归纳概括出来的工作原理（Dunne 和 Martin，2006）。否则，整个过程将重新迭代，将再次生成解决方案和基础工作原理的回溯假设，或者整个框架将重新改变（Dunne 和 Martin，2006；Dorst，2011）。

为了举例说明这个过程，下面引入一个简单的虚构案例。假设荒无人烟的丛林部落，我们所追求的目标是让生活变得更美好。通过对问题情况的了解，假定生活在丛林部落的人都喜欢社交（工作原理）。因此，我们可以建立这样的理论，如果给予充足的社交条件，人们的生活会更好（即回溯论点，把假设的工作原理与期望的目标联系起来）。为了完成理论构架，我们还观察到丛林部落中大部分的人都有老式电话，只能够打电话和发短信。到目前，我们可能已经得到充足的假设信息，一个好的解决方案就是一个创新性的产品：JungleTxTClub，首个基于短信的社交网络平台与更大的、基于非短信的平台交互。假设，问题情境的"社交网络框架"，它的开发和测试已经有一个月的时间，但发现每天平均用户都在急剧减少。这一明显的挫败，一定需要对运行假设和解决方案重新审查。重新审查时，需要采访一些用户，我们发现数字社交网络的想法值得赞赏。但是，用户发现在移动设备键盘上打字多有不便。随后我们可以推断归纳出来，用户界面有问题，相应地应对解决问题方案进行审查，进行新的一轮设计思维。

9.4　设计思维是以人为中心的社会过程

利益相关方是设计思维过程的支点（Buchanan，1992；Taylor，2000；Dunne 和 Martin，2006）。设计思维处理的是"问题"场景，因为思维处理涉及的利益相关方都有需要解决的问题，问题或隐藏或明显。利益相关方并不认为自己只是产品和服务的"使用者"。他们具备人的属性，关心自己生活质量和自己的活动，以及产品和服务给这些方面带来的影响（Giacomin，2014）。这就是为什么设计思维过程中，主要焦点不是"解决方案"，而是"情境中的需求"，以及满足情境需求而产生的"价值"。进一步延伸，设计思维不仅关系着"解决方案"的直接影响。受社会和道德因素的驱使，在利益相关方和他们情境中"解决方案"方面，设计思维还具备更广泛的影响（Buchanan，1992；Taylor，2000）。

设计思维也认为利益相关者是多样的。他们所持有的观点和所处的环境可能也大不相同。因此，他们的需求也大相径庭。一个给定的情境可能并不能代表所有相关方同样的“问题”，一些人认为是“解决方案”，可能其他人会觉得是个“问题”(Buchanan,1992; Taylor,2000;Dorst,2011)。这就需要解决多样性问题，设计思考者通过不同的视角构建千差万别的问题场景，需求模型方面也在探索替代性框架，能够尽可能满足所有的利益相关方。

利益相关方的需求和所处的环境总在不断变化，不能完全表现出来。不是所有的事情都可以通过观察得以了解，我们观察到的事情也会发生改变。为了解决这个问题，设计思维融合了与利益相关方交互的观察、对话和探究，让他们参与到问题解决的过程中(Buchanan,1992;Dunne 和 Martin,2006)。利益相关方的背景信息显然也是一个关键的着眼点，描述所处理的问题。观察可以推断利益相关者的相关行为模式，他们所处环境的突出方面，以及应用解决方案带来的影响。通过询问和对话，直接和有意地向利益相关者搜集信息，这些信息反映出他们对问题情况所持的看法。利益相关者不仅是信息的来源。通过对话，利益相关者参与联合决策和评估过程，就像价值定义、框架视角的选择，以及对影响进行评估，都需要利益相关者的参与。如果出现冲突和矛盾，这些都能够帮助调和和整合矛盾的观点。

9.5 设计思维是创新的过程

设计思维离不开创意和创新，与创意和创新有着密切的联系。探索不同的视角，适应彼此冲突的需求，跳出现有的替代解决方案，要创造出新的方案并对其进行测试，把局限看作是挑战，而不是出现障碍就找借口去妥协。因此，创造力是设计思维的内在因素。探索尚未存在的可能性并不完全是概念性的。通过不断循环地设计和测试，可能性是迭代开发出来的，设计思维是概念分析与实践综合的辩证过程。因此，设计思维充分反映了什么是创新。创新是一个过程，过程中产生并应用新颖而且有用的想法；解决开放式问题并提供机会(Fabricatore 和 López,2013)。设计思维作为一个整体，是一个创新的过程。

概括来说，设计思维是一种以人为中心、系统性的创新型过程，通过产生创新的技术解决方案，满足人类有意义的需求。在日益复杂的环境下，人们需要通过解决方案来改善生活，行业竞争产生创新的解决方案，正规教育努力使学生具备应对复杂世界挑战的能力(Dunne 和 Martin,2006;Dym 等,2005;Fabricatore 和 López,2015;Koh 等,2015)。在正规教育中如何培养设计思维？

9.6 通过正规教育培养设计思维的影响和挑战

自 20 世纪 90 年代以来，人们对研究设计的认知方面越来越感兴趣，设计思维的教育研究也随之发展(Cross,1982;Oxman,1999,2004)。学习设计思维意味着提高解决现实世界问题的能力(Cross,1982;Oxman,1999;Dym 等,2005;Dunne 和 Martin,2006)。如何提升开发设计思维中所涉及的技能，也有研究人员做了策略方面的调查，培养推理模式实现有意识的同化，进而支撑设计思维过程(Oxman,1999,2004;Dym 等,2005;Fabricatore 和 López,2014)。在关键特征方面已经达成重要的共识：教育策略应该包括这些提到的教学目标。根据我们过去的研究(Fabricatore 和 López,2014)，与设计思维教育研究的主要趋势相互呼应(Cross,1982;Oxman,1999;Oxman,2004;Dym等,2005;Dunne和Martin,2006;Koh等,2015),我们认为这些特征可以概括如下。

(1) 注重以项目为基础的学习活动,旨在解决涉及多个互动系统的开放性的、不明确的问题,并以多个知识领域为基础。

(2) 反映现实场景的问题情境化,包括：不同的利益相关者、既不能完全了解也不能完全预测的环境条件和利益相关者的属性、对相关利益相关者的社会和技术影响。

(3) 项目工作的迭代和增量组织,集成解决方案周期内的设计、实施和评估。

(4) 提升学生之间的协作能力,以及项目工作中的自我组织能力,如由于问题内在的复杂性,需要以团队形式来进行的项目工作,组织学生的角色和责任,迭代探索问题场景及项目工作暂时产生的结果。

(5) 涉及问题情境解决的关键利益相关者,需要促进他们之间直接和间接的交互。

(6) 给予适当的教学支持,包括：预先提供明确的核心知识,这些核心知识有利于理解一致;随后这些知识就像"脚手架"一样起到支持作用,免费提供给学习者;根据项目的进展,再适当配置清楚明晰的补充知识,以及学习者的基本情况(学习风格);授权非正式的导师,由他们给出反馈;采用不同的观点来构建问题,并对可能采取的解决方案所产生的影响作出预测和批判性分析;团队动态协调,增进彼此理解,并提升自我组织能力。

(7) 项目具有固定约束和限制,实现价值最大化。保证特定项目的约束,促进不同观点的探索,对问题提出不同的解决办法;行政性约束和限制(如学术政策法规等)不应限制学生的自我组织能力和各种可能性,在项目工作中,应鼓励不同的方式和方法。

所有上述特征都由一个关键性因素来支撑：向学习者传授知识。它的内容和结构应该"涉及设计思维的综合性知识,支持知识构建过程,类似于由专家设计人员执行的那些过程"(Cross,1982;Oxman,1999;Fabricatore和López)。

根据问题情况,设计人员通过构建知识来开发解决方案,这是一个系统,包含许多互相交互的元素(Cross,1982;Fabricatore和López)。当设计人员探索问题情况时,他们观察、识别、分类和推断概念及其联系,构建意义,对控制问题系统的工作原理进行假设,形成合适的方式和方法来影响这个系统(Buchanan,1992;Oxman,1999;Dorst,2011)。这就如同一个带有目的性的知识构建过程(Novak,2010)。通过设计思维过程获得和构建的知识,关注设计"什么",也侧重"如何"设计和"为什么"设计(Cross,1982;Oxman,1999;Oxman,2004;Dym等,2005)。这种类型的知识可以被看作一个包含各种概念和命题的系统(Novak,2010)。知识通过设计思维的过程,可以是事实、归纳推断、溯因假设和演绎证实。针对"什么",与设计思维相关的知识将问题系统调查的关键要素的属性和关系联系起来,包括利益相关者和其他相关情境因素,以及正在设计的解决方案。针对"如何",涉及的知识包括对处理系统进行探索和修改的技术和工具,以及各种策略,可以组织和应用的技术、工具。而"为什么"则关注工作原理,可以协调系统各组成部分之间的交互。这方面的知识可能对处理系统产生影响,帮助设计人员对工具、技术和策略的适用性进行反思。可能的解决方式和方法会带来直接、广泛的影响,这些知识可以帮助我们预测,或者进行批判性评估。

给学生教授的内容应当是整合性、综合性和多学科的,涵盖设计"什么","如何"设计,以及"为什么"设计(Cross,1982;Oxman,2004;Dym等,2005;Dunne和Martin,2006)。因此,知识的结构与内容同等重要(Oxman,1999;Oxman,2004;Novak和Cañas,2008)。传授的知识应当有合理的组织构架，包括“什么”“如何”以及“为什么”的相关信息，采取脚手架式结构，学生们对教授的内容能够吸收理解，以这些吸收的知识为基础，构建他们自己的概念结构(Oxman，1999)。教授的知识还应该清晰，并且目标明确，而不能由导师主观定义，或者口头传达(Oxman，2004)。知识如果不清晰，就只能短暂停留在导师的口头表述中，完全依靠导师的经验、性格和认知方式，学生也只是得到即时的理解，却无法完全理解消化。相反，如果知识清晰、目标明确，就可以保证所有学生有同等的机会，在需要的时候去获取和分享相同的知识(Novak 和 Cañas，2008；Fabricatore 和 López)。

因此，结构化知识的定义和提供是设计思维教育中的一个关键挑战。通过创建定制的知识表示工具，我们将其标记为游戏设计知识地图，从而应对了计算机游戏设计和开发教育领域的这一挑战。

9.7 游戏设计知识导图的结构和原理

设计知识导图是概念图的一种变形，将知识进行结构化处理，以可视化方式表现出来，以图像的形式明确表达，图像中概念通常表示为结点，概念之间的关系如同结点之间的链接(Novak 和 Cañas，2008)。概念图适用于清晰地表示知识结构，可以帮助学生学会如何去学习(Novak，2010)。概念映射有两种应用方式：一种是体现学生知识发展的表现，另一种是给学生们提供的专业知识映射(Novak 和 Cañas，2008；Novak，2010)。第一种情况由学习者创建和更新概念图，随着构建过程逐步开始，知识会更加清晰。学生们会反思自己的知识结构，将知识结构与他人分享，并有意识地对结构进行修改(Novak 和 Cañas，2008)，促进个人和集体学习过程的相互作用，这也是解决开放式问题的关键(Fabricatore 和 López，2014)。第二种情况专业框架图由行业专家编写，帮助触发知识架构的过程，并支撑新知识的逐渐吸收和产生(Novak 和 Cañas，2008；Novak，2010)。通过对一个行业的探索，知识建构逐步展开，并由行业内可靠的初步知识作为支撑(Novak 和 Cañas，2008)。专业框架图可以有效地用于初始知识建模，创建“脚手架”结构，并以此为基础帮助学生构建新知识，吸收新知识，形成并集成新概念和各种关系(Novak 和 Cañas，2008)。初始学习“脚手架”，在学习者构建的知识结构中，最大限度地减少知识结构中引入错误概念的风险，还可以帮助矫正这些错误的概念(Novak，2010)。此外，专业框架图还可以培养开发思维策略：整合专家想什么、怎么想和为什么想的相关知识，框架图帮助学生们学习如何去想，以及去想什么。

为了应对游戏设计思维教学中的挑战，我们创建了一个专业的游戏设计知识导图，并以此帮助游戏设计和开发过程中的知识构建。为此，我们将游戏策划设计概念化为一个以人为中心的问题的解决过程(Fabricatore 和 López，2014)，旨在解决一个具体的核心问题，即游戏如何吸引玩家，使其沉浸其中并始终兴致不减？

这一问题明确阐述了游戏设计中所解决问题的期望结果(即参与型玩家)，因此成为了对知识导图进行有意义探索的焦点问题(Novak 和 Canas，2008)。

按照设计思路的术语，概念化是将玩家视为游戏设计师处理问题场景的关键利益相关者。持续参与是该利益相关者所需的关键价值，而游戏代表了为实现这种价值而设计的系统。最终，物理空间和社会空间代表应用场景，构成游戏玩法，但并不直接参与其中。游戏设计思路需要针对目标受众，溯因性地假设出一些游戏规则，归纳游戏活动的方方面面，包括其娱乐性、吸引性和参与性及其原因（如挑战、奖励、支持、控制、叙述等）。因此，游戏可以是一种设计系统，囊括能够带来游戏活动预期结果的各种交互因素和基于游戏系统一些具体特点。设计特点最终可执行，并根据需要进行测试，以确定、定义或重新定义游戏系统功能和参与性游戏规则。游戏创作过程就是反复和渐进地进行设计、执行、测试和评估，直到达到理想的游戏参与价值。

根据这一理念，我们的设计思维导图汲取计算机科学、游戏设计和开发、系统设计、社会科学等领域前沿的学术和实践文献，整合多学科专业知识，以人为中心，确保图中包含的知识与设计决策过程息息相关，涵盖"是什么""如何做"和"为什么做"等内容，即用户，游戏系统的组织要素和模式，自然应用场景的组织要素和模式，根据用户的需要、偏好和应用场景，预测并说明用户如何捕捉系统并与其互动的原理；系统对用户和应用场景所产生影响的测试方法。

游戏设计知识导图中的结点概述了以用户为中心进行游戏设计所涉及的关键子问题或行为，包括用于定位和促成相关推理、调查、备选项设定以及设计决策的指导性问题，如表 9.1 所示。

表 9.1　游戏设计知识导图中的结点概述

① 测试参与度	为什么游戏（设计）会成功？
② 玩家概况	目标玩家可观察到的主要生活环境是什么？ 生活环境如何影响玩家访问游戏的机会？ 生活环境如何影响玩家进行洞察/思考感觉的能力？
③ 游戏空间	当玩家身处哪里时他们会玩游戏？ 何时进行游戏活动？ 除了游戏本身以外，游戏还鼓励和支持开展哪些活动？
④ 参与过程	参与度如何产生？ 参与型玩家会做什么？
⑤ 游戏活动	玩家将从事哪些活动？ 哪些活动对通关至关重要？ 活动如何排序？ 活动中的进度如何组织？

为了促进对游戏设计知识导图循序渐进的研究和掌握，我们将其设计为层次型星型拓扑结构，其核心内容包括游戏设计中涉及的四项主要活动。

表 9.1 结点的示例表示：①是设计活动；②是关于玩家的子问题；③是关于应用场景的子问题；④是关于下列事项的子问题；⑤是关于游戏系统特征的子问题。

- 分析目标玩家：确定可能影响目标玩家体验并与游戏系统互动的关键特征；
- 设计玩家的参与性：根据可能激发玩家参与并保持其兴致的因素确定游戏规则，并总结原因；
- 确定参与环境：分析并确定游戏系统特点和应用场景，并根据第二条所确定的游戏规则提高玩家参与性；

- 测试参与性：还原和执行所设计的游戏系统特点，并根据确定的游戏规则，测试验证其预期效果。

每个核心结点代表一个与指导性问题相关的设计活动。活动结点之间的关系表示主要逻辑关系。活动结点及其关系的设计是为了帮助设计者理解和探索需要做什么，为了什么目的，以及各活动在整个重复性设计循环过程中的相互作用。因此，该知识导图的核心目的是帮助学生学习消化整个设计过程，培养对其核心活动的理解能力，进而支撑其规划和执行思维的建立，如图 9.2 所示。

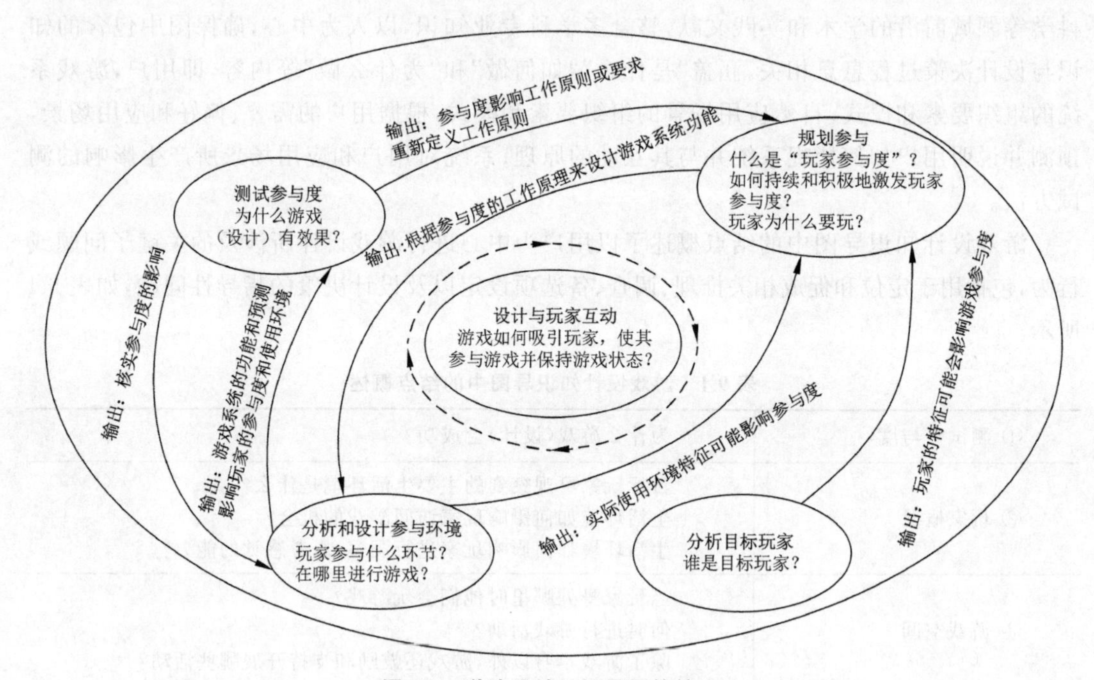

图 9.2 游戏设计知识导图的核心

每个活动结点都与设计相关的子问题结点相连，将问题引导至相关的调查和决策，其过程如图 9.3 所示。子问题结点反映了通过每个活动要解决的目标，它的定义有助于理解。子问题需要反映处理哪一个对应的已知活动，并且应反映如何解决这些问题。

对于给定的结点，游戏设计知识导图可以补充相关知识。四层知识板块，如图 9.4 所示，完全涵盖了"做什么""如何做"和"为什么做"等问题。第一层板块旨在通过提出概念时应考虑的关键结点和问题，激发学生对"做什么"做更深层的思考。第二层板块旨在通过抛出第一层板块所提出问题的性质和重要性，促进学生对"做什么"和"为什么做"的进一步思考和理解。第三层板块旨在激发学生对第一层所提问题"如何做"和"为什么做"做更深层的理解，并以此来解释第二层所阐述的关于该问题性质和重要性的观点，并提出一些适宜的研究方法（如常规技术、指导方针和原则等）。第四层板块旨在通过提供相关文献和其他参考资料（如播客、网络研讨会等），为学生提供能够直接支撑其所提问题、重要观点和方法的知识。

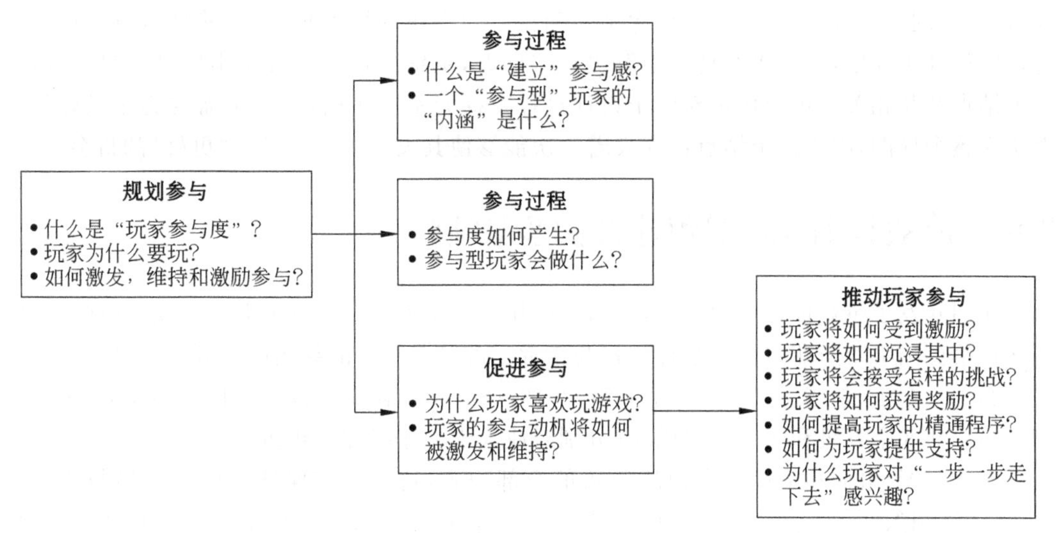

图 9.3　子问题的层次结构示例

<table>
<tr><td rowspan="5">参与过程
• 参与度如何产生?
• 参与型玩家会做什么?</td><td>焦点
参与过程就是解决问题。
核心问题
游戏作为解决问题的活动和参与过程的系统。</td></tr>
<tr><td>大概念
• 玩家在参与游戏活动时，会以一种整体的方式参与游戏，包括思考、感受和行动。
• 游戏活动可以看作解决问题的活动。在这些活动中，玩家从一个初始条件开始，必须做出改变，以达到一个新的、理想的(目标)条件，并克服挑战。
• 这些活动源于玩家的整体参与。
• 参与这些解决问题的活动是通过将探索、执行计划和评估阶段整合在一起迭代来展开的。</td></tr>
<tr><td>策略
[核心]
游戏应始终提供足够的信息(反馈)以支持问题解决过程的各个方面，在这些方面中，玩家应有计划地参与。</td></tr>
<tr><td>关键知识
[核心]
[高级]</td></tr>
</table>

图 9.4　知识板块示例

总之，游戏设计知识导图是为了在核心设计活动及其预期效果驱动下，促进设计者对整个设计过程所需知识的不断积累、吸收和构建。为此，该知识导图创建了索引，以便初级设计师根据正在计划或执行的活动，轻松理解、查找和获取所需知识，并解决子问题。同时，结点及其相关知识块分层呈现，对各结点的不断探索，就可以促进对整个活动和子问题的进一步理解，并获得解决这些问题的概念工具。最后，该知识导图的架构基础是“作业递增性与即时性”原理。一方面，对结点的层次结构和相关知识块的探索越深入，就越有可能更详细地理解设计子问题，从而更有把握地解决这些问题，更细致地理解其基本原理。另一方面，每个结点及其相关知识板块都对整个设计过程发挥着不同作用，学生不需要为了做好设计而研究整个导图，因为每个结点都代表着一次能够使其设计“更丰富”或“更好”的机会。

9.8 游戏设计知识导图的初步影响

我们开发了游戏设计知识导图，并将其应用于一系列游戏设计和开发模块，这些模块已经交付给英国哈德斯菲尔德大学计算机与工程学院。本章中的导图版本开发于2014年，应用于2014—2015学年、2015—2016学年、2016—2017学年和2017—2018学年，BA游戏设计方案总共8个五级和4个六级模块(分别对应大学二年级和三年级)。

创建主图，组成和集成所有模块涵盖的全部内容，这样能够保证不论学生参与哪个模块，或者级别怎么样，都能实现学习的连续性和可转移性。每个模块都有一个具体图，包含在主图中，处理该模块学习结果的问题。每一个模块都有两个版本的图：模块图和具体图，完全覆盖模块教学大纲的内容，以及整个主图。

每一年主题都需要更新，确保内容与时俱进(如更新实例)，解决问题的清晰度(如解释清楚)，或者更新实例；然而，并没有明显改变知识导图的结构，或是导图中核心内容。

知识导图每一个模块的两个版本，通过学校网上学习平台Blackboard，学生都可以在线获取，自行决定是否需要网上查阅，或者下载供离线使用。

导图使用并非强制性，而且还提供了其他资源，可以通过网上学习平台获取所需的信息，如模块之前版本的讲座幻灯片、官方模块数据等。

学年中的所有模块分为24课时，以周为单位(不包括节假日)。在前7～9课时中，导师使用导图来介绍一些核心内容，例如一些关键点，按照模块教学大纲，帮助学生完成模块学习，并生成学习结果。核心内容表现形式多样，包括专题讨论、案例研究和工作坊。

剩下几周时间，依照开学时候的介绍，学生可以单独完成一个游戏项目。游戏项目2～3个过程里程碑式节点(由模块来决定)，和一个总结性里程碑节点。过程里程碑用来审核项目进展，在这个阶段，导师给予过程方面的反馈，能够帮助项目更富成效。这样的反馈以知识内容为基础，直接与项目过程取得的结果相关，还包括在项目中没有起到显著作用的内容。每个里程碑节点都会安排项目工作坊活动。这些都是具体实例，需要同学进行互教活动，以及项目讨论向导师提供反馈意见，都是以知识导图为基础(模块图-具体图，或者是主图，取决于个体或小组的选择)。

依照模块图-具体图要求，每一个模块都需要学生通过书面和视觉材料的结合，来记录他们的设计工作。为了帮助学生们记录，会发给他们一个模块图-具体图模板，给出参考，如何在结构中定义和组织内容，从而反映游戏设计知识导图使用的是合适的模块图-具体图版本。学生还被要求制作一个结构化的项目日志，记录关键性的决策，并且在每一个里程碑节点后对项目的生产过程和状态进行反思。日志做这样的构架能够鼓励学生反思自己的项目，使用模块图-具体图知识导图中的内容，就好像带着“显微镜”，评估自己的设计决策和设计影响。

我们最近针对这一策略带来的影响做了数据调查，以研究游戏设计知识导图给学生学习经验带来的具体影响。本章展示的调查结果针对2014—2015学年的51名大二学生，他们在两个游戏设计和开发模块中使用了知识导图。参与调查的男性占了很大比例(84.3%)，平均年龄为21.2岁(标准差为2.49)。注册这两个课程的学生都可以获取模块图-具体图知识导图和主图。学年末，学生完成了模块评估调查问卷，问卷中包括一个开放式问题——“你觉得知识导图最积极的方面是什么?”搜集这一问题答案的定性数据后，O’Cathain和Thomas(2004)使用了内容分析程序对数据进行处理。综合分类由两位作者进行识别和编码，两位作者共同决定分类方案，对评论进行单独分类，并讨论编码分歧的问题，直到达成共识。随后，对编码后的评论进行描述性定量分析，确定学生们观点中显示出来的趋势。

调查问卷结果如表9.2所示，学生认为知识导图有若干积极的方面。

表9.2 学生认为知识导图积极的方面

评论分类	数量(总人数：51)	频率/%
知识的认知和操作可及性	33	64.7
内容的数量、清晰度和结构	30	58.8
获取的便捷程度	3	5.9
作为支撑思考的工具	22	43.1
帮助设计情境概念化和进行分析	13	25.5
帮助表述基本原理	5	9.8
帮助构思解决方案	5	9.8
帮助规划和执行设计过程	10	19.6
帮助编制设计文件	9	17.7
帮助满足模块需求	4	7.8
辅助协作(组织团队、定义共同目标)	3	5.9
实现设计过程的趣味性和享受性	1	2.0
与其他课程/领域行业的知识迁移	1	2.0
未评论	5	9.8

表9.2描述了三个主要趋势。

(1) 知识导图清晰明了，而且容易获取信息。许多学生认为大量的信息以一种架构合理的格式组织起来，内容理解起来简单，并且易于检索。学生们这样评论：“帮助我们快速简单地找到信息”“容易理解”“它以一种容易理解的方式涵盖了所有的信息”。学生的这些评论与文献表述一致，知识的组织与知识的内容同等重要，信息的结构嵌套各种方式和方法，对知识进行管理(Cross，2001；Kokotovich，2008；Oxman，2004)。这些结果说明，构建知识导图必须实现信息的认知和可操作性，从而帮助其在设计过程中得到应用。

(2) 有助于思考。大概44%的学生认为知识导图能够帮助他们进行思考，帮助他们构建自己的想法，并且分析需要解决的设计问题。一些学生这样评价知识导图的帮助性作用，

“知识导图给出足够的问题,帮助我们开始思考”“知识导图会引导思考的过程”。还有一些学生认为,知识导图是一种工具,在认知过程中给出具体的描述和说明。大部分学生评论知识导图的实用性时,提到其能够帮助他们将设计情境概念化,并对涉及情境进行分析。他们认为“把问题拆解开来,从而让学生更容易去理解和分析问题”“帮助我们更加精准地描述和说明自己的想法”“将不同的主题连接在一起”“让学习更加容易,拥有更多智慧的想法,工作也变得更加清晰有逻辑”。之前的研究(Kokotovich,2008;Mathias,1993)将新手和专家的思维策略进行对比,发现新手还没有对涉及的问题做足够的分析和理解,就开始直面设计解决方案,这表明他们的思维过程不够深入,而且不成体系。相反,专家的解决方案体现出设计思维的绝大多数特征,更具迭代性和系统性,平衡了设计各要素之间的复杂关系。在这一方面,知识导图是一个非常有价值的工具,帮助学生进行设计思考,组织他们分析,让他们的分析更有逻辑、更具系统性、更加深入。

(3) 学生还提到,知识导图能够帮助规划和执行设计过程,并且能够生成设计文件。学生这样评论:“知识导图包含海量信息,帮助实现设计的过程”“使用知识导图可以更好地管理设计”“知识导图可以对项目进行组织和规划,让项目更高效”。尽管这些评论主题被学生们提及的不多,但我们相信,这也代表着未来我们使用知识导图带来的一些优势。这些调查结果说明,知识导图确实帮助了学生,他们不仅仅去理解“做什么”,还能学会“如何去做”。知识导图更是指导学生去探索更多合适的策略和方法,对设计知识进行处理和评估。

9.9 结论与反思

本章探讨了以人为中心的技术在现代计算中的重要性,以及在计算机科学教学中应用以人为本思想的迫切需求。我们强调计算机科学教学中培养设计思维的必要性,这应当是一个系统性问题解决策略,使用合适的以人为中心的计算技术,解决复杂、不清晰条件下的问题,并且满足有意义的需求。随后,我们还强调传授显性结构化知识的重要性和难度,帮助学生学习,不仅是“思考什么”,更是“如何思考”,以及“为什么思考”。之后,我们还给出直面这种挑战的方法,以游戏设计和开发教学为背景引入游戏设计知识导图。

游戏设计知识导图是层次概念图的变体,致力于多学科知识的整合与构建,包括游戏系统、玩家、游戏规则,以及设计和测试环节。我们设计出游戏设计知识导图的结构,在设计解决问题的过程和获得即时项目结果的驱动下,学生们可以由此探索迭代和累积的知识。

我们对游戏设计知识导图进行了为期 4 年的开发与测试,结果喜人。目前的证据表明,知识导图包含大量的信息,获取结构简单,能够培养学生的思维过程,帮助他们连接不同的主题和想法,并通过设计过程来引导他们。因此,使用合理架构的知识可以有效帮助学生学习“如何思考”,而不仅是“思考什么”。当然,我们计划对游戏设计知识导图的影响进行全面调研。我们相信,还应该研究在其他领域设计知识导图的适用性和潜在好处。尽管游戏设计知识导图中包含的知识带有行业领域特性,但是它的原型结构和基础原理在其他行业和领域是通用的。在其他很多领域,设计可以被概念化为一种以人为中心的问题解决的途径,涉及主要利益相关方的需求,满足使用情景,并提供可能的解决方案,满足利益相关方情景下的需求(Buchanan,1992)。同样地,分析用户的信息、需求,已应用情景,定义所采用的策略,设计并测试解决方案,这些都是在不同领域的设计过程中常见的环节(Buchanan,1992;

Dunne 和 Martin，2006）。因此，我们相信知识导图是非常有用的工具，能够帮助我们将知识结构化，并培养领域行业内的设计思维，这同样能够解决其他行业，那些以人为中心的思想不明显的问题中，如工程、环境规划、经济学和建筑学问题等。

此外，知识导图的基本原理以假设为基础，认为以人为中心的设计是一个过程，依赖溯因形成假设，与利益相关方的情境需求有关，满足这些需求、当前状况，并实现利益相关方的功能，从而形成价值。要形成有效价值就需要设计系统。因此，我们相信还可以在教育的其他领域开发知识导图，以解决学生开放式的以人为本的问题。

参考文献

第 9 章.docx

第 10 章

通过动态教学实践法培养包容性

Arjab Singh Khuman

摘要：高等教育(HE)背景下的教学经常涉及与学生互动，他们国籍、背景不同，能力和理解力也千差万别。因此，需要采用动态教学方式和教学实践，从而实现包容性。本章重点讲述一个特殊的案例研究，与作者本人实践相关，也是现在作者牵头主导的一个教学模块IMAT3406：模糊逻辑与知识库数据系统。在这个模块中采用的教学风格和教学方法，可以帮助学生们更好地理解核心概念，进而可以存储收集更好的执行应用程序。确保让学生吃透所有的教学内容，也就是保证要以所需的基础知识库数据为基础，数量充足，内容到位，群体中每一个学生都处在同一个级别。这些教学通用性目标都可以通过动态教学实践来实现，此外经常还会涉及对群体概念的适应与同化。经过实践证明，想要在细节方面，甚至在质量和实质内容方面有特别的收获，那么在鼓励学生做课程作业之前，就先要确定学生已经对课程作业有具体的了解。通过尝试和测试，本章中提到的案例研究展现了一个成功教学法所具有的属性，描述了作者在模块IMAT3406教学中如何加入并实施包容性。

关键词：动态教学实践；包容性；同化；适应

10.1 引言

高等教育教学通常不是单一的执行实施模式。学校里，预期学生可以达到一般性标准，而针对那些不能达到一般性标准的学生，学校鼓励人事和教学人员作出努力，以便更好地满足这些学生的需求。这些学生包括身体有残疾的学生、有潜在精神问题的学生、有问题却还没意识到的学生等。这些学生类别还可以细分为许多子类，这样就导致了学生水平各不相同。但是，无论学生是什么样的状态，每个学生都必须完成学习模块中设置的学习目标。为了保证这一点，教学实践需要具备非严格的适应性，面对模块学习的所有学生，教学实践应当完全包容。如果由于环境的原因而将学习者排除在外，哪怕排除一个学习者，在道义上都是遭人唾弃的，而且这样做也是对制度和政府政策的公然漠视。一个优秀的教育实验者就应当充满活力、足智多谋，而且富有耐心。无论是模块、项目、课程形式的学习，还是其他任何课堂形式的学习，动态教学法都可以让所有人受益匪浅。所有学习形式都以适应性为原则，可以实现绝对包容，面向所有群体，保证展现出教学目标实现的整体过程，更为重要的在于群体都可以理解教学目标。

本章作者是现在的课程模块IMAT3406(模糊逻辑与知识库数据系统)的牵头人，该模块由英国德蒙福特大学(DMU)技术学院开发运行。课程模块评定由两部分组成：课程作业和期末考试，两部分权重比例各占 50%。2018 年、2019 年之后，课程模块评定完全由课程作业成绩决定，即权重为 100%。之所以选择这个特定模块作为本章的案例研究，是因为这个模块具有相关性，并且倡导去适应变化。值得一提的是，作者在他现在任教的德蒙福特大学获得所有学位，包括理学学士、理学硕士和哲学博士学位。这一点十分关键，作者在同一所高等学校，从一个本科生进阶到博士研究生，再到后来成为学术工作者，这提供了一个非常独特的视角。正是这种独特的观点，使 IMAT3406 课程模块近年来得到蓬勃发展，教学实践获得一致的好评和认可。课程塑造成型，今日成就除了归功于作者对文化有着更多的了解外，也归功于他自己曾经也是个学生，经历了课程模块所有的更迭变化，并且几乎参与了模块构建的所有过程。作者学生时候想要看到的改变，由他自己身体力行着这些改变，也算作是知行合一。这就是这个模块能够被如此多的人所接受的主要原因，它体现了作者作为一个学生所希望得到的东西，虽然有些主观，但却非常有效。

另外值得一提的是，本章作者曾获得 2018 年副校长杰出教学奖(VCDTA)。VCDTA 奖项设立于 2005 年，旨在表彰和表扬那些激励学生取得成功的教师。评奖过程中，学生不仅可以提名教师，还可以成为评奖小组的一员，帮助评判德蒙福特大学教师的创造力和卓越品质。作者能够获得 VCDTA 教学奖，本身也验证了在交付模块时所采用的实践非常有效。

作者还是 G50052(智能系统)项目的牵头人，在这个项目中，模糊模块是所有学生最后一年的必修课程。模块为 15 学分，目前在学年中第一学期(10—12 月)进行学习。除智能系统外，该模块本身也可应用于其他项目，如计算机科学、软件工程、计算机安全、计算机取证、电脑游戏编程、伊拉斯谟交换项目、数学等。这个模块变得越来越受欢迎，目前的注册人数大约有 170 人。2018—2019 学年注册人数已达 196 人。最新模块是数学，允许最后一学年的学生选修。这个模块非常受伊拉斯谟交换项目的学生的欢迎。参与模块的这些学生将精通英语，教师还会给他们实施额外的教学实践，以确保所有人能够完全了解模块。

10.2　什么是模糊逻辑

该模块本身最好被理解为一种不确定性建模的数学手段。模糊逻辑非常适合对模糊抽象的概念进行建模，如语言信息就可以选择模糊逻辑进行建模。如果只考虑去理解一种简单并且经典的所属关系，简单地定义像“高”这样的概念本来就很困难，也就是说，如果使用传统明确的方法来模拟“高”这个概念，使用绝对的一刀切的做法，假设 6 英尺就算高，把“高”的概念进行限定和集合。模糊逻辑并不这样绝对，使用模糊集合，可以使用隶属度，也可以对特定集合的归属进行量化。经典明确集方法只有两个可能的结果：被观察的对象属于这个集合，或者被观察的对象不属于这个集合而属于它的补集。黑与白、上和下、左与右，界限非常明晰，没有灰色地带，是或不是，必居其一。

模糊集中，对象对一个集合有部分归属，有一定的真实性，一个对象可以在不同程度上属于多个集合。这与经典的方法形成了对比，因为我们不再局限于任何一个 a 属于或不属于一个集合，我们可以选择它对这一集合的关联程度。模糊的基本原理在于能够更好地模拟人文特质，从而创建更好的计算模型，准确的模型会产生更好的推论，并由推论做出更好的决策。在基础上捕捉的细节越多，最终的输出就越准确。

经典的集合理论使用布尔逻辑(Boole,1847,1854),一个对象被分类为绝对属于或绝对不属于一个特定的集合(Cantor,1895)。针对可以建模的集合,清晰定义是一种固有的严格程度,即只允许两种结果,例如整数要么是奇数,要么是偶数,使用这种经典的方法可以很容易地处理有清晰定义的对象。然而,基于人的感知,有必要将与模糊性相关的不确定性加以概括。人性和推论并不能如此精确和清晰,人性化方法需要面对不精确和模糊,以及不确定性的存在。从经典的角度来理解集合,集合并不是一个适合人类直觉的综合体(Lesniewski,1929)。对分体论解读时,考虑一个对象部分地被包含在一个集合中的想法,这就是 Max Black 1937 年模糊集构想的基础。

任何模糊实现的构建模块都涉及模糊集的使用,这个观点首先由 Zadeh 在 1965 年提出。模糊集可以看作是模糊集思想体系的延伸。从一开始,模糊逻辑就被进一步扩展,并被确立为一种强大而成功的范例,体现建模不确定性(Zadeh,1973)。由于逻辑与命题有关,因此模糊逻辑可以看作模糊命题的演算。数学应用于精确推理,通常需要清晰的理解,然而,当涉及自然语言之类的概念时,问题就出现了。语言中的方言本就含糊不清,并且模棱两可的情况很普遍。我们日常生活常常充斥着不同程度的不确定性,进一步引发不确定性的多个方面(Zadeh,1999)。

考虑到不确定性和模糊性时,使用经典集来为非经典行为进行建模常常会出错。例如,"高"这个抽象概念并不能被普遍定义,不能给出一个单一的明确值作为象征表示,让所有人都满意。某些人认为的高,相对于另一些人来说可能没有那么高。图 10.1 是一个典型的明确限定集合的可视化图。图中显示的任何身高在 6 英尺以上的人都被认定属于"高"的集合。但是,使用这个精确严格的定义,就会忽略任何小于 6 英尺的其他人。一般认为,6 英尺确实高,但 5 英尺 11 英寸也很高,至少在某种程度上是这样的。唯一对数值属性有影响的就是关联度,是否包含在"高"这个集合中。现在问题就变成了要对集合的边界进行设定,实际上要包含所有符合"高"这个概念的常见假设。这与 Sorites 悖论(Sorites paradox)的观点相呼应,这一悖论就源于一个模糊推论。一粒沙不能构成一堆,两粒沙也不能构成一堆。然而,当我们有 10 亿粒沙子时,当然就有了一堆沙子,是从哪一个时间点开始,沙子从不是一堆过渡到一堆的呢?从模糊视角来看,有一种更宽容的方法,即允许对象具有部分归属。

模糊集理论最基本的方面在于它对数字的理解。因为语言现象的状态是未知的,所以使用模糊数来描述语言现象非常理想。模糊数最初由 Zadeh 在 1975 年提出,引入模糊数就是为了在处理与数量有关的不确定性和不精确性时,能够接近实数。这样在接近高度、重量以及其他不确定性的抽象概念时,就有很大的范围。一个模糊数的顶点通常是唯一的,顶点处可以给对象一个最大隶属度,这个隶属度等于 1。其他对象的隶属度由它们与顶点的接近度指示出来。模糊集扩展了模糊数的概念,使其更具通用性。

如图 10.1 所示,如果使用模糊方法描述"高"的集合,则可得到图 10.2 中的可视化图形。图中还包括其他可能被认为是高的值,例如高的集合中也包括 5 英尺 11 英寸,但是与 6 英尺相比,隶属度较低。根据这一理解,将 5 英尺 10 英寸纳入"高"的集合也是可行的,但是隶属度要比 5 英尺 11 英寸低,以此类推。使用模糊理论时,可以释放明确集的严格度。模糊集不仅能够对不确定性有一个更加准确的理解,而且如果需要,它还能够退回经典解释。归属度可以是绝对的是,或者绝对的不是,不管是何种状态,模糊集都可以复制明确集(Klir 和

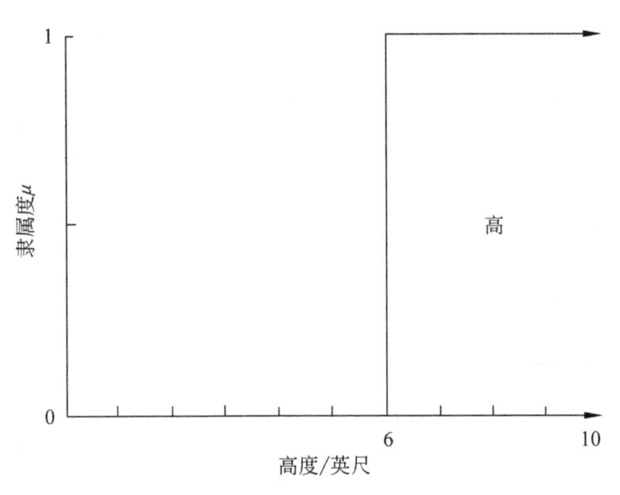

图 10.1 明确限定集合范例

Folger,1998)。本质上,将隶属度值映射到对象的过程称为模糊化。只有当考虑到一个对象可能具有部分归属时,模糊集的强度和适用性才会变得明显。

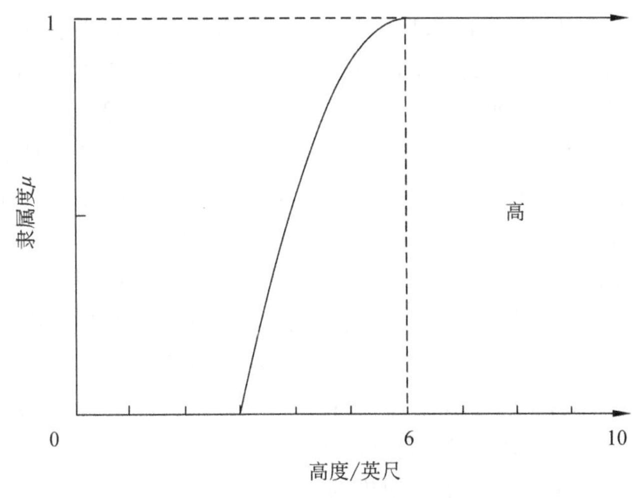

图 10.2 单个模糊集合范例

一个模糊集本身只能具备一定数量的功能,多个模糊集的组合可以对一个抽象概念进行广泛的建模,如果不使用多个模糊集的组合,就很难表示一个明确的理解。既然它是一个有序对偶的集合,对象 x 与隶属度 $\mu_A(x)$ 相关联,同样的 x 可能属于多个集合,这种情况的出现与多重隶属度有关。模糊集不同于传统的经典集合理论,在模糊集中,一个对象通过不同的隶属度可以属于不同的集合。这就是模糊集方法论,不考虑排中律和矛盾律。因为如果使用明确概念,一个对象不可能属于多个集合。还是以"高"这个抽象概念为例,图 10.3 中演示了如何使用额外的模糊集合,人们可以允许用一种更人性化的方式理解任何给定值的重要性。图 10.3 中包含一个附加标记为"矮"的集合。

在这个范例中,数值 6 英尺与"高"集合有着绝对关联度,选定隶属度为 1,与"矮"集合有着部分隶属度,选定隶属度为 0.14。如果对象值是 7 英尺,与集合"高"有着绝对隶属度,

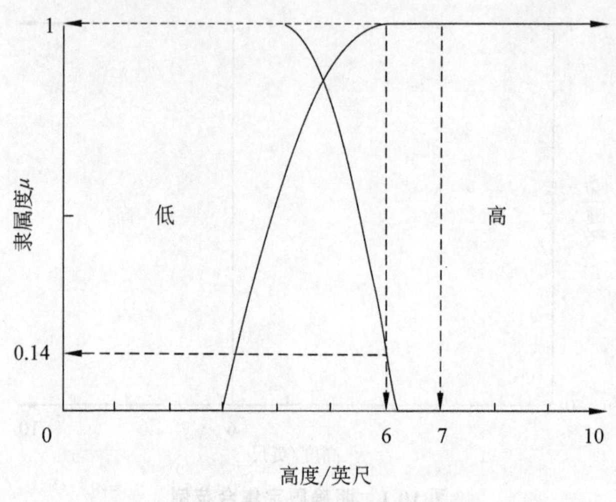

图 10.3　多个模糊集合的范例

而与集合“矮”是完全的不包含关系。那么,根据逻辑性假设,很容易就能得出 7 英尺肯定不归于“矮”集合,对于其他抽象概念,这种逻辑性假设完全成立。这里所讲述的都是模糊模块构建的最基础概念和原理,没有深入探究其中的机制;但学生如果想在课程作业中拿到分数,就必须掌握这些模糊模块构建的基础概念和原理。模糊模块没有之前的先修课程,作者在展示课程大纲时,假设学生此前没有接触到过模糊概念,课程学习差不多都是同样的情况。模糊逻辑本身在学术和研究中占有一席之地,从许多专业会议和期刊中都可以看到模糊逻辑的理论和应用。现实世界中,模糊概念被应用在许多不同的行业,它的应用进一步加强了有效性。考虑到模糊理论和概念,以及它的应用,显然需要一个专门课程模块来进行描述。从模糊入手,可以深入许多不同的混合和延伸概念(Khuman 等,2015;2016)。作者作为模糊学的研究人员和学术专家为学生进行讲解,以不同的方式来解释其核心概念,而不是仅仅用幻灯片或实验表格来照本宣科。在学生对该模块的反馈中,作者对该主题的专业知识和热情得到突出体现,正因为此,作者获得 2018 年副校长杰出教学奖(VCDTA)。该模块的课程作业部分需要每个学生创建自己的 FIS(模糊推理),创建过程中,学生经历重重阻碍,对自己对所选应用领域也有了更为明确的主观理解。

10.3　教学实践

该模块的教学时间配置为每周 1 小时讲座、2 小时实验。实验部分使用具备多范式数值计算环境的 MATLAB 进行。MATLAB 是由美国 MathWorks 公司出品的商业数学软件,是用于算法开发、数据可视化、数据分析以及数值计算的高级技术计算语言和交互式环境,主要包括 MATLAB 和 Simulink 两大部分,是由 MathWorks 开发的一种专用编程语言。安装程序中包含模糊逻辑工具箱(Fuzzy Logic Toolbox),学生可以用它来模拟原型(Grasha 和 Yangarbers - Hicks,2000)。作者认为在学生群体中,一些学生将成为具备能力的程序员,一些可能还达不到程序员要求的水平和能力,但这并不影响学习目标的实现。大多数学生没有使用 MATLAB 的经验,对于有经验的学生,他们非常沉浸在这种学习方式中，看着自己的项目从无到有，并将整个过程看作软件方面的复习课程。最初几周，课程模块里的每个实验项目都用来帮助学生熟悉软件，并且他们对模糊库的运用越来越有经验，之前讲座中获取的知识，在实验项目后能够进一步加强功能性的理解。模块学习结束后，每个学生都能够具备在MATLAB里编码的能力，还可以对他们所提交的课程作业进行技术细节方面的描述。

每个实验室可容纳20名学生，大多数实验室都安排了时间表，也会留有一个或两个实验空位，其他实验项目的学生也可以加入进来。作者负责整个学习模块，包括所有的讲座和实验部分。学习模块由作者本人全权负责，目的也是始终保持教学风格和专业知识的一致性。学生对学习模块进行反馈时，这个目的也得到了很好的印证。由于目前的群体规模大约是170名学生，根据时间安排，每周9次实验课程，课程的最早时间是09:00—11:00，或者从中午开始，一直上到下午14:00—16:00。讲座部分放在周五9:00—10:00，需要提到的是，模块和项目负责人一般没有权利决定和安排自己模块的时间和地点。这也是一个优化性的问题——由于模块的授课时间和地点不受模块负责人的管控，这无疑增加了一个额外的问题，需要考虑讲座授课的时间(Benett，1993)。

10.3.1 讲座授课

根据表10.1可知，周一早上9:00—10:00是模块中的讲座授课部分，大多数学生不喜欢在这个时间段上课。不管讲座是何种模块或者类型，早上的这个时间段学生都很难做到全身心投入。所以，讲座授课的教师要尽可能主导讲座，但又要留出一定的空间。因为讲座授课有时间限定，期望学生吸收所有授课内容是不现实的。需要强调授课材料的重要性，授课材料必须根据授课时间确定；包含与学习目标相关的内容，但也不能完全按照学习目标来选择授课材料，这是违反直觉的。目前的授课模式是在课堂上问学生，他们是否理解授课材料中的某个特定方面。如果学生们回答已经理解，则继续下一个方面的讲解，如果学生没有理解，则继续重复之前的讲座材料部分，并采用不同视角来讲述这个没有被理解的部分。

表10.1　模块时间表

时间	开始	结束	周	活　动	类型	模块标题	教室	讲　师
星期二	9:00	10:00	1—5，7—11	IMAT3406/Y L/01	演讲	模糊逻辑与知识库系统	BI0.05	Khuman A
	11:00	13:00	1—5，7—11	IMAT3406/Y P/01	实践	模糊逻辑与知识库系统	GH5.82实验室	Khuman A
	14:00	16:00	1—5，7—11	IMAT3406/Y P/02	实践	模糊逻辑与知识库系统	GH2.863实验室	Khuman A
星期三	9:00	11:00	1—5，7—11	IMAT3406/Y P/09	实践	模糊逻辑与知识库系统	GH2.81实验室	Khuman A
星期四	9:00	11:00	1—5，7—11	IMAT3406/Y P/03	实践	模糊逻辑与知识库系统	GH5.82实验室	Khuman A
	11:00	13:00	1—5，7—11	IMAT3406/Y P/04	实践	模糊逻辑与知识库系统	GH2.83实验室	Khuman A
	14:00	16:00	1—5，7—11	IMAT3406/Y P/05	实践	模糊逻辑与知识库系统	GH5.82实验室	Khuman A

续表

时间	开始	结束	周	活　动	类型	模块标题	教室	讲　师
星期五	9:00	11:00	1—5，7—11	IMAT3406/Y P/06	实践	模糊逻辑与知识库系统	GH2.82 实验室	Khuman A
	11:00	13:00	1—5，7—11	IMAT3406/Y P/07	实践	模糊逻辑与知识库系统	GH6.52 实验室	Khuman A
	14:00	16:00	1—5，7—11	IMAT3406/Y P/08	实践	模糊逻辑与知识库系统	GH6.51 实验室	Khuman A

模块的整体学习目标汇集了每次讲座授课的学习目标。因此，为了实现和达成讲座授课的目标，就需要更多的灵活性，他需要更多群体学生参与。由于是第三年的课程学习模块，学生之间的群体熟悉度更高。如果在课程模块中应用丰富的教学实践和教学风格，高的群体熟悉度非常具有优势。就课程模块本身，学生们自己也多次亲自实践来解释模糊逻辑的核心概念。学生之间一对一指导，作者鼓励那些已经理解模糊逻辑的学生，使用自己的语言对群体中其他学生进行解释和说明。有时，从学生自己的表述中可以得到更为具体的理解。当然，并不是所有的讲座授课都是以这种方式进行，需要视情况而定，尤其是看课堂反应。鼓励学生的参与热情——学生对模糊逻辑进行讲解，是成就感的培养，也是一种素养。因为在讲述时，每个学生的素养都不一样，有些人思路清晰明了、眼前一亮，而有些人的讲解则显得保守而拘束。课堂中，学生能够听到其他同学的讲述，这可以正面影响整个课堂的学习氛围。需要注意，有些学生并非强迫，而是自己本就愿意在 170 人的课堂上做讲述和分享。在做讲述和分享的时候，他们也乐得其中，因为是出于自己的意愿。

我们采用了视觉、听觉和动觉型三种不同的教学方式。我们并不是单独使用这三种教学方式的一种，而是将三者混合应用。学生可以从授课讲座的幻灯片展示很快切换到小组讨论，对应授课讲座中的抽象理论找出现实世界中的映射案例，并通过思维案例展示出来。课程版块的无缝切换和这种适应性学习方法有着明显的优势，可以潜在地引领更多群体的学生参与。并不是所有学生都适合采用同样的学习和理解模式，通过采用不同的教学方式，能够展示并转述关键性概念，从而帮助群体学生提升学习能力(Hsieh 等，2011)。学生把正在学习的知识和他们可能已经知道的信息联系起来，这可以帮助他们将新知识融入对主题的理解中。他们在这个过程中总会有“闪光”的时刻，进而产生动力，进一步参与后续的学习过程，并加强自己的理解。这一切都可以通过良好的沟通来实现，也是融入教学环境中需要具备的基本素质。在解释方面，沟通有着不同的方式和方法，只要沟通充分就可以实现沟通目的，完全理解并完美解释概念和理论。

除了这三种教学方式，作者在教学过程中还倾注了极大的热情。模糊模块同时也收到很多学生的评论，学生们普遍认为作者在教学中的热情极富感染力。然而，热情也是把双刃剑，早上 09:00 开始的讲座授课中如果注入太多的热情，也会影响学生的直观感受，所以需要在“过犹不及”和“有过之而无不及”之间有所平衡。这需要授课教师视课堂情况来决定是否投入热情，从而实现最优化效果，比较孤僻的学生可能会对教师的热情作出冷漠反馈，觉得教师的热情过于吵闹或太过活泼。但是如果给予足够的时间和肯定，这类学生经常会打破内心的坚冰，作者本人就有过类似的经历。

德蒙福特大学采用通用学习设计(Universal Design for Learning，UDL)，帮助所有的学生实现教学相长。通用学习设计这种方法提供了一个框架，可以识别并推广学院中现有的最佳教学实践，其中很多教学实践已经应用了通用学习设计的原则。除了通用学习设计框架之外，还有数字化回放模块，任何级别的模块都能够保留讲座授课记录。记录采用Panopto软件，它能够记录监视器当前的演示内容，并保留授课中的音频。注册模块的学生可以获得所有录制内容，并可以根据自己的时间来回放。学生如果无法参加讲座授课，也不会错过任何的学习内容。因为参加伊拉斯谟交换项目的学生，他们的母语并不是英语，如果教学内容能够回放，他们将由此受益。

教师与学生之间良好的沟通和信任也同样重要。口头说要做一件事和真正去做一件事有着天壤之别。教师与学生保持良好的互动关系，可以减少课程项目中学生的抵触，从而使学习环境更加愉快。参与讨论时，教师必须避免给学生带来"霸道"的印象，不要把自己的观点强加给学生，尽管从技术上讲，这种情况时有发生。尽可能融洽地去理解，让学生尽可能去开启自己的"理解之旅"。正所谓"授人以鱼不如授人以渔"，这样才会让学生更有成就感。

10.3.2 实验室

课程模块IMAT3406使用专业软件，即MATLAB。选择MATLAB有如下原因：模糊逻辑工具盒(Fuzzy Logic Toolbox)作为一个额外的安装包，可以快速生成原型。学生创建自己的模糊推理系统时，需要使用模糊逻辑工具盒里的内置函数库。很多学生没有使用过MATLAB，大家水平基本相当，在非常规实验室环境中，学生不需要有编程经验。实验课的架构可以让每个学生都能够学会必要的技巧，帮助他们完成自己的课程作业。

实验部分都是两个小时的实验环节。讲座授课主要放在周一早上9点，还需要考虑上课学生的专注程度。学生需要参加时间表中列出的所有课程项目。但由于早起上课的性质，尤其是在周一，学生没有达到全勤也是可以谅解的。学生如果错过讲座授课，还可通过虚拟学习环境(VLE)了解讲座授课的内容，也就是Blackboard版块。需要注意讲座授课的时间，以及课堂专注的程度。一个两小时的实验项目，可以帮助学生加强每次讲座授课中设定的预期学习目标。讲座课程与实验内容匹配一致，这可以加深学生的理解。确定每个学生需要做的准备工作，当他们着手开始做模块中的课程作业时，能够理解课程项目对他们的要求。

实验课上，作者能够采取更加主动的授课方式，因为群体的最大规模为20个学生。人数较少，每个实验项目为2个小时，所以可以采用更复杂的教学方式。作者要求学生与自己同步，通过投影一起完成实验表格中罗列的实验项目。学生同步进行教师的实验项目，由此提供了一个更包容的学习环境，学生们可以选择跟教师一起做实验，也可以自己做。实验项目材料和实验项目表规定的内容不会完全占用2个小时的时长，可以非常有效地利用时间。作者要确保学生能够理解周一讲座中的授课内容和概念，如果学生没有掌握这些内容和概念，为了能够保证课堂效果，教师有必要和所有学生，或者有需要的学生一起，简单回顾这些授课内容和概念。

学生有问题或者存在担心的时候，可能不会在课堂举手提问或表达自己的观点。正因如此，作者也会跟每个学生单独找时间谈话，了解他们是否觉得实验项目和授课内容符合他们的需要。学校需要鼓励教师积极主动地与学生沟通。实验课群体小组规模较小，学生专注度更高，最好让学生们沉浸在实验环境中，独自思考和做项目，他们每个人都会由此受益，非常明显，小组讨论能够让学生有所收获。发挥课堂优势，确保学生在学习模块中的实验部分能够有重大收获和回报。

在实验室部分，作者与伊拉斯谟交换项目中的学生能够有更多时间接触。讲座授课中，部分学生还不能自信地发表自己的见解和看法，小规模的群体课堂设置，对他们来说更为有效。他们已经能够灵活运用英语，所以如果有机会，他们会提出很不错的问题。

这些都是作者在讲授模糊 IMAT3406 模块时采用的动态教学实践。以作者在德蒙福特大学(DMU)背景和过去的经验为基础，通过嵌入式教学实践创建和构建学习模块，帮助学生理解并执行模糊概念。这一实践被证明非常有效，而且日益受到青睐。

10.4 结论

动态教学实践包含许多方面，主要目标就是要始终促进包容性，而不是在群体学生中设置障碍，将更多的精力和注意力集中在特定群体上。以下列出所采用教学实践的详细清单。知行合一，只有实践才能说明问题。接下来是模块统计数据的分解，向读者展示学生的实际表现。课程成绩分数已在第一学期(2017 年 12 月)结束时统计完成并发放给学生，目前唯一需要进行的是考试，考试已于 2018 年 5 月完成。最终分数和权重已经计算出来，统计数据如下。

注册模块学习最初有 165 名学生，最终 160 人坚持学到最后。没能坚持下去的学生主要是受外界干扰，而不是受学习模块影响。事实上，更多的学生在学年开始的前两周决定加入这个模块的学习。在这 160 名学生中，有 3 人没有参加任何讲座授课或实验项目，也没有提交课程作业或完成考试，但仍算作注册学习模块的学生。任何模块都有学生要求延期交付自己的课程作业，延期日期也就意味着最终课程作业交付日期为 2018 年 8 月 17 日。作者撰写本章时，课程作业还未提交，也没有评分定级。150 名学生最终提交了他们的课程作业，平均分达到 70(满分 100)，让人印象深刻。完成考试的学生人数为 152 人，平均成绩达到 77，同样让人印象深刻。模块中课程作业和考试各占比 50%，所以该模块的总得分为 74。有一个背景信息：德蒙福特大学等级为 6 的模块，其通过率至少要达到 90。而课程模块 IMAT3406 所有学生的通过率(包括一些没有参与课程模块的学生)仍然达到了 94%。

如果学生人数包括提交课程作业并参加考试的学生，通过率将上升至 99%。考虑到群体规模和人数，无论通过率是 94%还是 99%，都是令人印象深刻的。

考虑到每个注册该模块学生的学习情况，模块总分的分值范围如表 10.2 所示。

表 10.2 模块总分的分值范围

分 值	学生占比	分 值	学生占比
70～100	63%	40～49	2%
60～69	21%	30～39	1%
50～59	8%	0～29	5%

29 分及以下的学生包括那些需要重新提交课程作业的学生，因此当这些学生提交后，不及格百分比会降低，而总体通过率会相应增加。

从获得的模块分数结果可以看出，模块中采用的教学实践十分有效。与任何高等学校一样，所有分数和考卷都要经过审核，这里所展示的统计分数已经过审核。一种能培养包容性的动态教学方法总会取得优异的成绩，并收到积极的反馈，学习模块 IMAT3406 就是最好的体现。

参考文献

第 10 章.docx

第 11 章

Java编程档案袋评估的半自动评分：以英国本科课程为例

Luke Attwood 和 Jenny Carter

摘要：近年来，高等教育发生了很大变化，入学人数增加，生师比例扩大，这便要求相应的评估更加简洁、易操作、标准一致，助力学生学习。本文首先介绍三年前为提高学生课堂参与度所采用的一款档案袋评估软件，并探讨此次自动化评估计量带给我们的启示。在此基础上重点介绍了如何使用 JUnit 测试框架达成上述评估目标，剖析整个过程中面临的困难，并提出解决方案。其最终结果是有成效的，该评估使得评分用时显著降低，并且保证了不同评分者之间评分的高度一致性。学生也可从评估中连续的单元测试反馈中受益，使用这种方法可以多次对学生进行评估，向其提供定期学习效果反馈，进一步助力学生学习。

关键词：教育技术；自动评分；单元测试；Java；JUnit

11.1 引言

"面向对象软件设计与开发"是德蒙福特大学(De Montfort University，DMU)计算机科学与软件工程专业本科二年级的一门课程，该课程使用 Java 编程语言讲授面向对象的开发原理。在 2016 至 2017 学年，有 170 名学生学习该课程，人数几乎是上学年的两倍。

三年前，我们对参加该课程的学生采用了档案袋评估，让学生完成一系列课程相关核心问题的选择，目的是鼓励学生深入了解课程内容。理想状态下，评估当然越全面越好，但在实际操作中常常会选用易于计量的问题。本次评估采用抽样法，我们告知学生只会评估他们整套档案袋问题中的一个问题，如果他们没有提交我们选择评估的那个问题，那么他们的分数最多为 40%。另外，还可运用上机测试进行评估，要求学生在提交答卷之前修改一个档案袋问题的程序。因为如果并非学生自己独立完成的程序，修改起来并非易事，所以此举在一定程度上将有助于消除可能发生的抄袭现象。

自从采用这种评估方式后，该课程的学生合格率和平均分数显著增加(见图 11.1)，这在一定程度上证明了事先的假设：在第一学期基础课程阶段，提升学生的课程参与度会对其整体课程的学习有所助益。

虽然评估确有成效，但学生反馈仍希望能对其更多方面的表现进行打分。但选课人数增加，加之高等教育的普遍转型(如 11.2 节所述)，给该门课程评估造成了不小的困难。此外，认证该课程的英国计算机学会(British Computing Society，BCS)更新了他们的认证文件，强调将可信软件运用于课程中。软件可信度规范（PAS 754：2014，2014）中提出可采用单元测试的方式，用来半自动化地完成档案评估中的评分，整合好的实践，为学生的表现打分。此技术目的在于维持现有的有效评估框架，自动化评分过程和学习结果反馈，使师生从中获益。

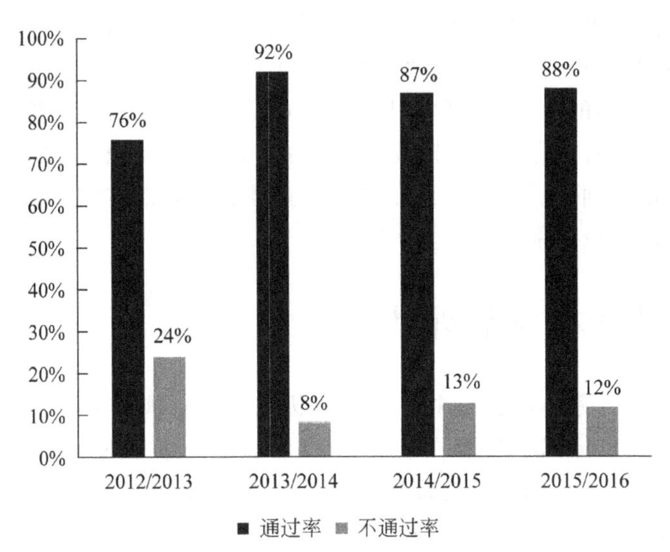

图 11.1　过去四年的模块通过率

11.2　动机

近几年来，高等教育领域发生了不少变化。例如，NSS 和新的 TEF 计划更加注重学习、教学方法以及教学评估等相关活动。HEA 研究报告《完善评分》专门谈了与评估考核相关的一系列问题，着重指出付费与否决定了学生对课程和相关评估的不同要求。在校生和在职生占比加大，这意味着评估需要更快速、一致地进行，且评估需要具有完整性。《完善评分》中指出，更高质量的评估将会使学生“更加信赖学术标准能够更好地维护英国高等教育的声誉”（Ball 等，2012）。

学生人数的增加、范围的扩大，也意味着学习风格的多样化，相应的学习评估也需要随之变化。为解决这一问题，德蒙福特大学尝试采取通用学习设计（Universal Design for Learning，UDL）原则。这种评估鼓励设计学习材料和评估方案适用不同学习风格，因此不需要调整便可满足特殊需求（Al-Azawei 等，2016）。UDL 方法得到了英国高等教育质量保证署（Quality Assurance Agency，QAA）的支持，其中的《高等教育质量标准》里有一系列反映良好实践的指标。例如其中的指标 10 就指出：“评估任务要尽可能地通过综合性设计及个体的合理调整，为每个学生提供展示他们成果的平等机会。”（QAA 2013）

HEA 报告（Ball 等，2012）声明：学生规模的不断扩大和资源的相对缩减，意味着导师花在每个学生身上的最终评估用时越来越少。如果学生人数增多，可以改为大班授课，但学生的作业或考试试卷仍需教师逐份检查批阅，这表明我们可以更多地使用过程性评估，同时也可以对最终评估的考核、评分和反馈方式进行改革。报告接着讨论了如何使用技术改进评估方法，来帮助满足多样化学习需求，以及如何实现即时、自动反馈。上述观点在 Biggan 在 2010 年的研究中得到了支持，该研究使用自动化技术提高大型模块（有 500 名学生）的评估反馈质量。该研究特别指出，自动化评估不仅可以做到即时反馈，还使评分标准更加一致，评语更加具体有针对性。上述结果均已得到学生和外部审查员的项目反馈验证。JISC（2016）报告："用技术转化评估和反馈"同样支持使用技术改进推动评估方法，以确保"每个学生的学习表现都能被公正评分"和"对不同学生群体的评分方法具有一致性"。

德蒙福特大学之前的计算机编程作业是由导师手动完成评价的。检查代码本身就比较适合使用自动化，但同时也存在不少挑战。本研究中的案例评分和评估方式十分新颖，自动化程度高，评测角度全面。后续行文则主要涉及上述特点，如何实现评测过程中遇到的问题，以及已经取得的积极成果。

11.3　半自动化档案袋评估

自动化评估编程任务已是老生常谈，在计算机技术学科领域中，仅仅数年，已出现了很多不同的解决方案（Douce 等，2005；Ala-Mutka，2005）。开发或使用现有基于网络的自动化评估工具（English，2006）通常需对程序的一部分进行自由格式的数据输入（English 等，2015）。正如在 11.1 节末尾所提到的，我们特别希望让学生接触行业标准测试框架，并让他们开发完整的 Java 类，以展示他们理解的标准惯例和关键设计原则。因此，我们对测试的内容和方式都有具体要求。我们将重点放在让学生使用预先构建的测试用例，使其作为他们开发的一种手段（Janzen 和 Saiedian，2005），并验证他们的课程设计是否正确。此举将有助于发展更高水平的批判性思维（Rosen，2016）。由于使用的语言是 Java，因此使用 JUnit 最合适。此外，JUnit 中已有许多现成案例可被有效用于自动评分（Helmick，2007；Tremblay 和 Labonte，2003；Tremblay 等，2008；Khalid，2013），它是一个面向 Java 的测试框架，其中单个单元测试在测试用例内分组，可以单独执行，也可以作为包含多个测试用例的一部分测试套件来使用。

其中一个内容是有多少问题以及哪些问题需要评估。以前，有来自 3 个不同主题领域（聚合、接口和继承）的 6 个独立问题。使用这种方法需要为每个问题编写单独的测试用例，这是一项看似简单，实则繁重的任务。改进后的方案是设置两个项目组合方案：A（一个 Register 类）和 B（一个 Player 类），每一个场景都包含 3 个问题。每个方案将为学生提供有关 Java 类的一个初始问题和一个测试用例（包含所有单元测试），然后再关联两个问题作为对此问题的延伸。表 11.1 显示了 2015/2016 年和 2016/2017 年采用的不同结构，突出展示了采用新方案后，如何能够比以往提交和评估更多的问题。虽然现在只使用了两个系列，但档案袋问题的设计原则仍沿用前例。

表 11.1　档案袋问题的数量（与提交评估的问题相比）

年　份	档案袋问题	Java 类	测试用例	提交的问题
2015/2016	6	6	无	1
2016/2017	6	2	2	3

与 Schmolitzky(2004)提到的一样，我们在早期阶段的模块引入了 Java 接口的概念，但不为连接档案袋工作的两个类提供接口。尽管有研究证明此种方法的有效性(Helmick，2007)，我们还是希望学生能够结合提供的单元测试来解释 UML 规范。与往年一样，使用的评估标准是：Java 类设计占 40%，程序演示占 10%，文档占 20%(即 Java 注释文档)，上机测试与调试占 30%。该方法旨在通过单元测试，为除 Java 注释文档之外的所有内容(即 80%的任务)自动评分。

11.4　构件单元测试

通常，在每个单元测试中使用单一断言是一种很好的做法(Aniche 等，2013)，但这样操作，有一些问题就会凸显出来。有的方法需要多个单元测试，而有的方法将仅需要一个，此外，某些单元测试可以通过而无须编写任何代码。例如，与 Java equals 方法被正确重写为继承版本的测试相关联的单元测试，可以在学生没有编写任何代码的情况下通过一个或多个测试。这个问题可以通过使用 Java 的 rcflcction 类库(Forman 和 Forman，2004)来解决，它允许在运行时检查源代码，但是，这会导致每个单元测试有多个断言。

通常情况，在该举措下，能够提前通过一些单元测试。但是我们计划将直接通过单元测试的百分比映射成给定评估标准的分数。因此，要尽量避免多个单元测试可用同一方法解决的现象，否则将出现某一方法使用频率过高，所占权重太大的问题。尽管有时某些使用权重高的方法会比其他方法更具挑战性，但它们之间并不存在长期的正相关。因此，最明智的办法是一个单元测试一种方法，这样一来，每个单元测试语句可能会有多个断言。为克服其中可能产生的歧义，需要规定每个断言只有一个关联的唯一消息，确保学生可清楚地识别错误的单元测试断言。

在过去的几年里，学生们在为各自的字段选择正确的数据类型和访问控制修饰符方面做得比较出色(例如 private 完成类中的私有部分以确保数据封装)。最初，人们认为设计中的此类内容可能必须由阅卷人手动检查，但后来发现，仍可使用前文提到的 reflection 库来评估。在 Helmick 等(2007)的研究案例中，reflection 被用来帮助管理定制构建的测试框架，而在此处我们使用反射来评估代码的结构和质量。

尽管我们的主要关注点仍是评估学生是否具备利用给定 UML 规范来实现类的能力，但实际上，传统的演示程序环节已经可以评估确认学生是否能通过创建对象实例和在 Java 应用程序的主方法中调用方法来实现类的能力。所以问题的关键还是如何用单元测试来评估这一点。主要的方法确实可以通过单元测试执行，但要准确评估学生是否以特定的方式使用了他们的类，如非绝不可能，也会是极为困难的。因此，我们决定调整为使用一个包含单一静态方法的类(如 RegisterDemo)，它的性质和学生习惯使用的类相似，但包含了一个字符串返回类型和接受被评估类对象实例的参数列表。

过去，在 40 分钟实验测试环境下，学生需要通过考试更新档案袋问题信息。为了实现对此部分的自动评分目标，现引入一个新的测试用例(如 RegisterSub Test)来自动化标记该组件。这个测试要求他们进一步修改现有的类，并使用子类对其进行扩展。表 11.2 显示了注册组合方案测试用例的详细情况，以及它们相关的单元测试数量和评估权重。

表 11.2 典型档案袋评估场景中的测试用例、类和单元测试概述

测试用例	测试的类	单元测试	权重/%
注册测试	Register	15	40
注册演示测试	RegisterDemo	1	10
注册子测试	Register and RegisterSub	3	30

11.5 避免非预期的硬编码解决方案

在编写单元测试时,学生也有可能在不遵循实验意图的情况下通过给定的单元测试。因为他们可以在已有的单元测试中看到预期的结果,所以他们可以硬编码初始化值,或是硬编码使用他们的方法产生的返回值。对于这种问题的解决方案之一就是尝试编码多个断言。理论上讲,这仍然需要硬编码,每个断言都具有多个不同的预期结果。在某些情况下还可用 assertSame 方法,该方法不像 assertEquals 那样评估两个对象的状态,而是评估两个对象引用的相等性,从而无法将数据值的设置或返回直接写在代码(程序)中。

硬编码方法的另一个例子是,必须使用给定的输入参数搜索注册对象。如果输入的参数不同,那么学生不通过内部集合进行搜索,就能确定他们的搜索正确还是错误。因此,需要使用多个断言,每个断言具有相同的输入参数,但是寄存器包含不同的数据集。

在评估继承性时,即使已经创建子类,学生还是可以模拟更新父类,来代替重写父类。为解决这一问题,单元测试在父类和子类实例上都调用了该方法,用来检测相应的行为差异。其他问题均可通过再次使用反射来克服,以确保父类的字段保持私有而子类没有任何字段。如果没有这些检查,直接访问父类的字段,或者处理子类中的重复镜像字段,就有可能绕过父类的公共接口。

11.6 标记和反馈

虽然 JUnit 测试套件可以执行每个测试用例,但是我们决定创建一个测试运行器,以便更好地控制结果的输出方式,并为学生的 javadoc 注释提供反馈意见。我们定义一种方法,接受 JUnit 测试用例和相关的权重(例如 RegisterTest 和 40),然后生成单元测试成功和失败总数的统计摘要,以及它们对该组件给出的分数。如果 15 个单元测试中有 14 个通过,则会显示 37/40 的圆形标记。使用 org.junit.runner.Result 类,然后通过迭代所有故障并记录这些故障的详细信息来提供故障概述。

为了让所有的反馈都展现在一个文件中,我们定义了一组与 javadoc 质量相关,类似红色的预定义注释。教师只需在执行测试前评估学生的文档,随后在提示中选择其中一个。之后,教师的评分和注释便可与单元测试相关联的评分和注释合并,上传提供给学生查看。这些内容通常会超过一页 A4 纸,而教师不必编写其中任何一个注释。

该模块的评分总共由三名教师完成,其中一名缺乏经验,要做到三名教师评分一致较为困难,但由于现在 80%的作业是自动评分,所以这个问题基本不存在。表 11.3 的统计学数

据显示，尽管评估的队列规模和问题数量增加，但评估时间已显著缩短(通过使用有经验评分教师的 20 名学生的样本进行测量)。均值和标准差与前几年保持在相似的区间内。

表 11.3　2015/2016 学年和 2016/2017 学年档案袋评估问题的比较

学　年	队列	平均值/%	标准差/%	评估的问题	每个学生的评分时间
2015/2016	93	64	1	1	12 分 15 秒
2016/2017	170	62	20	3	1 分 45 秒

11.7　结论

档案袋评估演变至包含单元测试评估在内显然是成功的。其中的优势包括：大幅度减少评分时间，保证评分之间的高度一致性。当学生人数和评估人员数量都在增加时，这两个因素在评价设计中非常重要。这也有助于实现对学生多次进行评估，使他们能够收到定期反馈，进一步助力学生学习。

与前几年相比，现在评估的源代码数量更多，而且很容易更新。除了进一步让学生认识到单元测试的重要性(PAS 754：2014，2014)之外，学生在任何时间都可进行测试，学习任务中已完成的测试反馈数据亦能助益学生学习。

单元测试的构建过程中有许多困难，特别是关于确保测试不能以未知的或教学设计之外的方式通过。为了克服这些障碍，我们采用了多种技术，其中 Java reflection 库尤其有效。未来可在单元测试中为学生提供不同的输入数据集，用其来评估学生表现，这可能会进一步帮助解决上述问题。最后，构建此评估涉及的许多工作都是预先完成的，而现有的挑战是如何轻松地将这种方法应用于不同的主题，以及应用到其他软件开发模块中。

参考文献

第 11 章.docx

第三部分
就业能力与团队工作

第12章 企业宣展活动体验

Gary Allen and Mike Mavromihales

摘要：在过去的两年里，哈德斯菲尔德大学（University of Huddersfield）计算机与工程学院一直在进行企业宣展活动的试验。在活动中，由学生组成的多学科团队与当地公司就实际项目开展密切合作，随后在为期一天的贸易展览中展示他们的成果。本章概述该项目的基本理论依据，解释该活动的运作方式，讨论该项目模式相对于传统团队项目的优势，并分析学生的反馈信息。

关键词：组团工作；团队合作；企业宣展；就业能力；多学科；协作

12.1 引言

哈德斯菲尔德大学计算机与工程学院由计算机科学和工程学两个系组成。两个系的学生在各自的课程中参与不同水平的小组工作坊，但通常不会参与跨系的协作项目。他们主要开展的工作是第一学年和第二学年的小组工作，紧接着是最后一学年的个人项目。获得本硕连读硕士学位（MEng，MComp，或 MSci）的学生还将在其新增的第四学年硕士年度参加小组项目。现有大量的教育文献提倡学生采用小组工作的学习方式，并且人们普遍认为小组工作对学生有诸多益处。在计算机科学领域，小组工作能够有效提高人际交往能力，包括团队合作、项目管理技能、表达能力，以及专业技能的培养，例如需求捕获、系统设计、编码、测试和评估。对工程学科来讲，鼓励学生在本科早期模块学习的阶段展开小组工作。这有助于培养未来雇主很看重的交际能力。通过训练、组织和有效的沟通，学生可以在专业发展等模块中相互学习，在此过程中，对可持续交通等时事问题进行研究和探索。在机械设计模块中，学生首先协作进行概念设计，然后落实完善设计的具体细节。面向机电工程专业的学生，企业宣展活动是将第二学年中学生所学的机械加工模块课程和企业联系起来。对这些学生来说，企业宣展的意义在于，要求学生在活动结束后完成一份商业计划，其中扼要地说明将产品推向市场所必需的重要信息。在此阶段，通过参加企业宣展活动，他们已经认识到与产品研发相关的商业制约因素。尽管本科学习阶段的团队合作并不新鲜，但这个案例不同凡响之处在于多学科的团队运作。这使得学生可在技术领域向拥有不同兴趣和专长的同学学习。这全然模拟了他们在现实工作环境中可能遇到的情况，因为他们获得了双元产品研发中所需的专业口碑。

高效协作式的问题解决及其优点已得到诸多教育研究人员的证实（Nelson，1999），“做中学”也是如此(Schank 等,1999)。小组工作也是我们课程的必要组成部分,例如,英国计算机协会(British Computer Society,BCS)认证计算机学位时(项目和小组工作 2018;课程认证指南 2018),机械工程师学会(Institute of Mechanical Engineers,I.Mech.E)和工程技术学会(Institute of Engineering and Technology,IET)认证工程课程时,以及我们的行业合作伙伴要求毕业生具有一定软技能和团队合作能力时,他们都将小组工作列入考核范围。这两个工程学会是工程专业认证课程的主管机构,均采用英国专业能力标准(UK Standard for Professional Competence,UK-SPEC)2018 版。

UK-SPEC 标准是关键核心能力的基准,也是英国专业工程能力标准。它描述了在经济、法律、社会、伦理和环境等领域有关自然科学、数学、工程分析、设计及工程实践能力的要求,只有达到这些能力标准,才能获得技师、注册或特级工程师资格。

在过去的两个学年里,本学院一直不断尝试企业宣展活动,该活动将两个系的学生组成多学科背景的团队,并致力于解决我们的行业合作伙伴所提出的现实问题。企业宣展为期一周,在一个密集的街区内举行,以贸易展的形式将活动推向高潮,学生向学者和行业合作者展示他们的作品。我们在本章表述了展示活动的初衷(12.2 节),解释了活动的运作方式(12.3 节),分析了学生的反应和反馈(12.4 节),并扼要地说明了今后改进这项活动的意见(12.5 节)。

12.2 现有项目工作的局限性

目前,基于团队项目的工作方法存在一定的局限性和缺点。由于时间的限制,很难甚至不可能安排跨学科小组共同学习,因此主要集中在一门课程、一类课程或最多一个学科领域内选取小组成员。这意味着,即便有,也是很少一部分学生会超出舒适区外,与不认识的学生或选不同课程的学生一起共事,而这些学生将带来广泛的新知识和技能。此外,单一学科内为学生设计项目创意时,人们会倾向于提出与这些学生现有技能相契合的项目创意。这可能会无形中扼杀学生的创造力,剥夺他们的学习机会。如果我们向学习同一模块的学生或小组提出同样的问题,那么会因为单调而难以保持学生的兴趣,并存在“串通合谋”与剽窃的可能性。另一方面,如果我们让学生自己提出创意性问题,那么在问题的复杂程度上往往存在很大差异,很难保证学习体验和评分的公正与公平性。学生不清楚自己的知识盲区,所以他们也不会考虑舒适区之外的项目。同理,学生的商业和行业经验有限,因此无法全面地考虑实际问题。总体来说,这些问题往往意味着在团队项目模块中实施的项目工作是不断重复的,缺乏创新性和想象力,并不能为学生提供实际商业项目的工作经验。另一个值得关注的问题是,较长的时间跨度(通常这些模块为期一个学年)常常意味着学生不到迫不得已都会推迟完成作业,从而导致后期产出仓促且低质量的成果。这些项目并没有反映出许多真实商业情景下刻不容缓的紧迫性。综合考虑所有的困难,我们结合基于活动的学习(activity based learning,ABL)和基于问题的学习(problem based learning,PBL)(Barrows,1985;Perrenet 等,2000;Nkhoma 等,2017),重新斟酌了团队项目工作的运作方式,并引入了企业宣展活动。

12.3　企业宣展活动

12.3.1　时间安排和活动评估

哈德斯菲尔德大学几年前就将“巩固强化周”纳入了课程时间表。巩固强化周是圣诞假期结束后的第一周，此时暂停正常课程以便进行其他活动，如课堂测试、补习和复习，以及第二学期教学活动开始前的实践环节。学校一直积极寻找有趣和创新的方法来利用这一时间，还向本校的教学学会申请资金以资助该项目的运行。在过去的两年中，我们的企业宣展活动利用了这一强化周的时间。由于常规班级这周不开课，我们有机会在跨学科领域，或者(本例中)在学校多个院系安排活动时间表。这使得我们能够组建包括计算机科学与工程专业的绝大部分学生[①]的跨学科团队，例如，汽车工程、电气工程、机械工程、计算科学、软件工程、计算机、信息系统、信息通信技术和网页设计与技术等专业，他们都可以在项目团队中一起工作。

所有参与企业宣展活动的学生都已报名参加为期一学年的项目模块。该模块适用于所有的专业，并为宣展模块纳入课程体系提供了一种相对简单的评估方法。在这些基于项目的学习模块中新增该活动的评估(视为主要课程评估的子元素)。计算机系的专业学生都参加了 CII2350 模块团队项目，而企业展示活动是模块课程评估的子元素。同样，工程系的学生注册 NIM2220 模块(即制造和企业)或者 NIE2208(即为企业：电子产品设计与制造)。前一个模块适用于从事机械、汽车或能源工程的本科工程师，后一个模块适用于电气或电子工程专业的本科生。这些模块都规定了注重技术是研究的先决条件。与企业相关的模块侧重于技术产品面向市场商业化层面以及开发这些产品所需的软技能。因此，团队合作和跨学科意识至关重要，这就是在这些模块中新增企业宣展活动作为课程评估的子元素的原因。

对于电气和电子工程专业的学生，这些模块在电子产品设计和制造业的大背景下，引入了商业、金融、市场营销、工程管理和面向制造的设计等内容，旨在促进学生对产品设计生命周期的理解，并且培养专业工程师所需的技能使其能在产品设计周期发挥积极作用。

12.3.2　客户及商业合作伙伴

企业宣展活动的关键目标之一是让从业客户参与进来，为学生提供亟待解决的现实问题，使活动尽可能还原其真实性。这些问题必须具备真正的商业应用价值，并鼓励客户公司在宣展活动结束后针对最佳的创意与学生展开合作，以谋求深入发展和商用的契机。由企业宣展活动而生的实际商用产品的机会不但激励着客户，同时也鞭策着学生。

在活动进行的第一年，我们的一家客户公司属于医疗保健行业供应商的领头羊。他们概述了因长期卧床引起的褥疮和溃疡导致的国民健康服务体系和私人医疗保健问题，要求学生思考一些具有创新性的方法来减少褥疮的发生。一些小组专注于高科技解决方案，如借助传感器、监视器和警报器等；另一些小组转而使用新型材料，或根据人体形状轮廓来设计床垫，或者利用床垫内的弹簧协助病人移动；一些小组研究了气流对褥疮形成的影响，建

① 计算机游戏设计和计算机游戏编程课程的学生不参加，因为他们已经在巩固强化周进行了一系列活动。

议使用风扇或设计床垫套以最大限度减少湿气；还有一些研究小组通过一系列传感器（如温度、压力、湿度、移动患者的时间间隔），利用大数据和云存储收集尽可能多的信息，以便更好地建构压力性溃疡的条件模型；而另一些小组提出了一些技术含量不高的解决方案，如利用简单的定时装置通知医护人员该给病人翻身了。各组学生的集思广益让公司人员印象深刻，而且其中的一些创意值得深入研究。

首次活动遭受的质疑仅来自一位客户，他反映我们未能给学生提供其他可选择的机会。因此，在第二年，我们决定多找几家公司，每家公司都可以向学生提出自己的问题，从而让学生有机会选择自己想要解决的问题，使活动更具吸引力。这次活动提供了三个项目，两个来自当地公司，剩下的一个来自校学生会。总结如下。

(1) 当地一家建筑公司提出了一个问题，该问题要求对装载在平板车上的 A 字形屋顶进行优化，以便安全有效地将平板车上的货物运送到建筑工地。而每一套 A 形托架都是项目设计所独有的。该公司称，目前还没有现成的标准方案可以解决这个问题。由于未能充分利用卡车上的全部空间，他们需要向运输商再预订一辆卡车，费用相当高。

(2) 一家当地的软件公司热衷于鼓励周边学校的学生参与 STEM（科学、技术、工程和数学）课程，尤其让他们编写计算机代码。他们的简介非常笼统地提出一些想法和相关产品用来激励学生参与 STEM 课程、代码俱乐部和“黑客马拉松”。

(3) 来自哈德斯菲尔德大学学生会的学生社团“创行”，是一个全球性的学生运动，旨在“利用创业行动的力量改变生活，塑造一个更美好、可持续的世界”(Enactus，2018)。哈德斯菲尔德创行团队（Huddersfield Enactus group）在校内有一处破旧的温室。他们正在寻找经济高效的方式，利用温室使尽可能多的人受益。他们的倡议要求学生找出低成本的方法来促进目标的实现，特别关注能源效率和能源的可持续性，同时要确保该场所的安全性。

所有客户都能够为促进后续的工作和潜在的商业开发创意提供机缘。学生很愿意从多个项目中进行选择。第一天他们就可以接触到所有客户进而讨论这些项目，从而捕获客户的需求。这本身就是企业宣展活动的一个重要部分，因为从事这些项目的学生通常没有机会从真实客户那里捕获需求，也很少参与这种不确定性且需求不稳定的项目。此乃体验“真实世界”的重要组成部分，亦是为学生设计企业宣展活动的目的。

在每个项目中，我们再次收到了五花八门、各式各样的创意，如下所述。

(1) 使用 3D 建模软件帮助解决 A 字形托架装载问题。一些小组发现了可针对特定问题进行改善或定制的开放源码软件，而另一些小组则着手研发特制软件的原型模式来解决问题，还有一个小组提出了一种基于机器学习的人工智能(AI)解决方案。

(2) 各个小组为 STEM 项目提出了各种解决方案：用 3D 打印的嵌齿和轮子使学生进行基础工程实验；专门针对少儿构建软件开发平台，开发拖曳文件的代码；并且采用 3D 打印的自制汽车套件以及相关的移动应用程序来控制成品车。这样的解决方案使孩子们既能感受汽车的物理构造，又能用软件操控汽车。

(3) 基于树莓派（Raspberry Pi）或 Arduino 设备的温室监控系统，附带传感器和电机，通过自动浇水以及开关通风口自动维持温室理想状态；入侵者探测系统；结合远程监控和移动应用程序远程操控温室。

这些观点各异、多元化的提议，以及多数小组竣工的技术细节水准都给客户留下了深刻的印象。

12.3.3　活动的组织和运作

企业宣展活动安排紧凑，只有一个工作周的时间。我们提前把学生分成不同的小组，并且在活动开始时宣布分组情况。学生分组安插妥当后，行业合作伙伴随即向各组学生描述他们的问题。那么，第一天（至少半天）我们的行业伙伴会留在现场，确保学生能够进行询问、讨论以及对潜在方案提出设想，并展开需求捕获等活动。然后，学生按照任务和优先顺序自我组织，以便在周末之前完成预期的工作成果。最初，我们希望学生集思广益，寻找可能的解决方案，在学校图书馆或网上进行研究，并实践自己的想法。

学生第一轮提交宣展创意 A2 大小的电子海报的截止日期是下半周。海报应该形象地展示小组的想法或提议，并在周末的宣展活动中展示给大家。值得注意的是，这还不是正式的评估要点。如果团队在截止日期前成功递交作品，组委会会安排支付海报的印刷费用，而未能在截止日期前提交海报的小组则要自行支付。这个"软"期限在一定程度上是为了鼓励学生尽快展开工作并取得初步成效。

除了制作海报外，团队还需要制作原型模式产品。为此，我们提供了系列工具包，可供学生实施项目时登记借用。该套件包括树莓派、Arduino、面包板、一系列传感器，如温度和湿度量具、运动传感器，相机、指示器和液晶显示器，还有 3D 打印设施。策划 3D 打印的工艺品时，小组须将最长的打印时间控制在一个小时范围内，并且设计适合于现有打印机尺寸的产品。每周初我们会给每个团队发送含有必要详尽信息的简报文件包。我们提供一小笔预算资金，如果学生需要购买一些我们无法提供的特定设备，每组学生可报销 20 英镑，但是必须提供收据以及该笔款项使用说明。每组仅限一名成员报销费用。周三的剩余时间和周四全天团队都在研发原型模式产品，为周五的展示活动做准备。因此，学生需要打破计算机中的死板规定，在做中学（Schank 等，1999）。显然，"实施基于问题型任务有益于学习"这一论点已得到充分论证（Barrows，1985）。

为了确保所有团队都能获得公平的支持，每周会给学生安排非预约可拜访大学教师的咨询会晤。这些讲习会得到计算机和工科教研人员的首肯，他们通过提供建议和指导来帮助学生，对其想法进行修正或改进，引导学生使用相关资源，或提供他们认为合适的其他帮助。每周二、周三和周四分别抽出一小时的时段进行会晤，其有关细节包含在给每个团队所提供的简报文件包里。附录中还包含宣展活动的计分卡。

宣展活动在一个大展厅里举行，安排部署方式类似一个贸易展览会，每个组队都有一个预先分配好的展位。此时海报已印制好准备出展。学生送来他们的原型模式产品，并预留一定时间为活动做好筹备工作。院校的教研人员和公司合作伙伴参观各个展台，观看并详察海报和样品，听取学生的创意，质疑学生的问题，并即时给出口头反馈。每个团队的最终成绩取当天三个最好成绩的平均分。活动开展的第一年要求每位教研人员四处走动，尽可能多地了解项目。但这样做确实也引发了一些问题，因为展厅位置靠前的团队很容易找到三位教师给他们的作品打分，而位置靠后的团队则有一定的难度。为了弥补这个漏洞，第二年活动开展时，把每位教研人员随机分配到五个团队中，对各个团队进行参观和评价，并鼓励他们多走动，尽可能多地参观更多的团队。这种方式保证每个团队至少有三名学者来访，以确保评分工作的顺利进行。第二年重复性活动呈现的另外一个变化是确保教师当天无法看见其他同事给出的分数。这保证每次打分完全公正，而且不会被其他同事的分数所左右。

但是有趣的现象出现了,团队能够广泛吸收评委教师当天给出的反馈,从而改进他们的设计方案。因此,随着时间的推移,所获得的分数也不断提高。许多团队表示,他们非常欢迎即时反馈,因为这样就有机会利用反馈来完善自己的设计方案以最大程度提高分数(在某些情况下,还可以改善创意本身)。

与团队工作如出一辙,我们鼓励学生发挥自己的优势,无论是研发、记录,还是出谋划策,总之是为各组成员分派其最胜任的工作。有些团队在这方面表现出色,确保团队成员以积极的态度提出想法,并发挥他们良好的演示和营销技巧。对于一些学生来说,这是宝贵的一课,因为他们意识到,新颖别致的主张如果讲述不到位,得分可能会很低,甚至还不如热情洋溢地描绘一个平淡无奇的想法。然而,从本章附录不难看出专家评委需综合考虑项目研究、创新、制造或者执行、营销、成本、商业潜力和团队合作等因素。因此,评委给予的反馈和得分应囊括所有方面,而不应过多地受到语言表达技巧的影响。

12.3.4 悬而未决的问题

关于新设想或新鲜事,总是存在一些问题亟待解决,如团队分配与其他必要信息沟通的问题;如何教育那些缺席学生或以逸待劳的问题;布置宣展场地的问题;行业合作伙伴知情权的问题(如哪个团队正在开展他们的项目)等。在此简要讨论这些利害关系。

(1) 沟通的问题。一些学生抱怨团队分配不明确,还有周一上午迟到了几分钟的同学不清楚自己被分配到哪个团队。我们认为在周一一清早宣布组员分派名单是不合适的,因为我们要确保所有团队成员都有一些共同的经历,不希望学生提前聚集在一起。部分的想法是让学生与不相识的同学一起共事,所以我们认为活动开始前对团队成员保密是明智之举。然而,我们确实需要提前完成团队分配的事宜,并在宣展开始之际能随时发布该信息。

(2) 袖手旁观的学生。绝大多数学生确实参与了活动。然而,与所有的学生活动一样,总有一些学生不参加。今年我们尝试了一种报告机制,允许小组将没有参与的学生汇报给项目协调员。然后协调员会联系这些学生,并警告他们,如果不参加活动,他们相关模块部分将得到0%的分数。这种方法确实有助于一些学生参与活动,但未能有效解决学生敷衍活动的问题。今后,可能会采用组内互评的方法,即每个小组的成员在项目结束时,对其同伴的贡献进行排名,这是我们管理团队工作的既定手段。显然,这样做我们隐约感到有些困难,以前未尝试这样做的原因是团队跨学科的性质使得成员在宣展活动结束后很难聚集在一起。因此,我们保证在周五活动结束前完成组内评估。

(3) 展室布局。我们需要确保没有团队"藏在角落里",不能让他们觉得宣展活动的展位不利于吸引前来的教师评估他们的成果,从而使其处于劣势。第二轮活动情况要好得多,教师们分配到各团队中去视察,这样保证所有团队都会见到至少三个评估员。还存在的一些问题是团队需要为其设备接入主电源,这会导致电源的延长线缆裸露在地面。我们需要认真考虑这一点,为未来几年的展示活动设计更理想的布局。

(4) 行业合作伙伴。行业合作伙伴参加周五的展示活动,观看学生的作品,讨论并提供反馈。今年有三家客户公司参与其中,而我们却没有告知是哪个团队选定了他们要攻克的难关,当我们意识到这一漏洞时已为时晚矣。因此,公司的代表不得不四处走动去确认他们的相关团队。这在一年前不是问题,因为当时只有一家公司参与。明年起我们将利用周三提交的海报来收集团队所做项目的数据，随后为每个公司提供相关团队列表。

12.4 学生反馈

活动结束后，我们以评论的形式征求参与者的反馈意见，没有用正式的反馈问卷细化描述学生自我感知学习效果。因此，反馈意见完全基于学生对参与和互动体验的评论报告。以下是一些与活动有关的精选评论。

“这个公司企划项目的创意非常好，让我有机会运用实践技能，提高表现力。与其他大多数模块相比，这项活动业务范围广，提供更多的信息和实际的应用。”

“和专业不同的学生共事很有必要，而且是一次相当有价值的经历。被人提问或解答问题时，他们提供的业务支持非常棒。”

“设施非常好，企业宣展活动是一次很好的经历，尤其是与来自其他学科的学生一起工作。”

“提供了一次积极的尝试，基于团队框架展开研究、设计和开发产品的经历。”

“我有个很好的团队，他们把一些很棒的设想带给班上的其他同学，并且乐于帮助大家研发这个东西。”

“我真的很喜欢与选课不同的学生打交道，对我来说，这比模块里的其他作业更有趣。”

总体来说，学生的意见是积极的，他们赞成参与实践和团组工作。然而，我们也收到了一些负面的评论。他们认为，为行业合作伙伴解决问题的实践活动与自己所学的特定课程和专业没有相关性。不出所料，这些评论来自网页设计专业的学生。还有一些学生质问活动的安排、组织，以及由评审人员决定的所谓“无常打分”。遭受的负面评论主要出现在企业宣展活动交付的第一年。我们广泛吸取了有关组织与安排的建议，并对第二年活动的交付进行了改进，包括项目的选取。从本质上来说，不同导师对海报和原型解决方案的评分可能是不稳定的。因为对于实际问题来说，精妙可行的解决方案的构成本身就是一个很主观的问题。正因为如此，才会选择三个最高分的平均值作为最终分数。

12.5 结论和后续工作

前两年，企业宣展活动的实践经验是非常好的。毫无疑问，对学生、行业合作伙伴以及学校都是大有裨益的，但在某些方面仍需努力和改进。

12.5.1 学生的受益

学生有机会在跨学科的团队中工作，学习新技能，体验“现实世界”的短期密集型项目工作。这对他们投简历和面试时的讨论特别有帮助。有不少学生反馈他们在实习面试时能够利用企业宣展活动中获得的经验，可为紧迫时限内完成任务，或与不相识的人一起工作及承担“实际”项目提供典范样板。在一些情况下，学生认为这已经成为他们获得一份实习工作的关键，因为他们能够自信地讨论自己在团队中的角色和贡献，这样有利于解决实际问题。

因此,这些经历为学生提供了一系列机会,无论是实习时还是毕业后,都会让雇主对其刮目相看。这次活动让学生有机会结交新朋友,可在同学社交圈外建立人脉,也能简单了解一些来自计算机工程学院跨学科课程的重点和内容。总体来说,这次经历给参与的学生带来了诸多裨益。

12.5.2 行业合作伙伴的受益

行业合作者也会得到很多好处,例如有机会接触到某一问题或业务需求等方面最先导的创意,包括与所涉学生合作、进一步采取行动开发新产品或解决方案的可能性;有机会遇到潜在的雇员(实习生或毕业生);并有机会参与大学事宜,这可能会带来一系列其他合作机会,包括学生实习、建立知识转移合作伙伴关系,或更加积极主动参与到我们行业委员会,为课程和课程体系的开发创造机会。迄今为止,行业伙伴都对这项活动表示满意,认为这是一次值得体验的经历。

12.5.3 学校的受益

企业宣展活动对学校和院系也有一系列好处,包括与当地公司建立或加强联系,这可能带来上文提到的一系列其他合作机会;有机会收集和记录有益的和新颖的经验,以便在专业机构验证访问、大学学科评审、质量审核等方面进行讨论;有机会为学生提供平时无法获得的机会。我们可以将这些信息写入营销材料中,在开放日和申请人参观日进行讨论。在申请人参观日,人们经常讨论这类活动,所以参加"真实"项目的机会受到申请人及其父母、监护人的热烈欢迎。鉴于这一活动所带来的潜在好处,开展活动的通用开支就不值一提了。

12.5.4 亟待改进的方面

迄今为止,虽然学校、我们的学生和行业合作伙伴都认为活动举办地非常成功,但我们意识到仍有一些方面有待改进。我们需要解决同行评估的问题,以确保评分的公平性,并保证对项目做出最大贡献的学生得到应有的认可。我们也必须确保展厅布局清晰明了,每个团队在展厅内的位置不存在优劣之分,只需要保障团队所需的电力供给。我们还必须确保行业合作伙伴容易识别和定位那些正在处理其特定问题的团队。然而,对我们而言,这些问题不算特别复杂,相信我们能够逐年改善这项活动。

附录:企业宣展成绩评分卡

您的成绩将以三名评委的评分为基础。如果您的展位能来三名以上的教师评委,则按照得分最高的前三项均值计算您的评估分数。

在展示活动期间,对此次评估要素的反馈需进行口头反馈。

评委将会基于以下几个特性进行评分:

研究——了解项目背景和对论证问题的理解	
创新——解决问题的创意和创造性方法	
生产/执行——团队项目执行情况的好坏	
沟通——用海报和口语交流创意的效率	
营销——创意推广的效果	
成本计算——对成本和生产方法的评价	
商业潜力——商业市场的潜力和定价的考虑	
团队合作——良好的团队合作精神和整体努力程度	

完成评分后，请评委将评分卡放入提供的信封中，以确保后续评分不偏不倚。

姓名	签名	成绩(__/100)

评论

参考文献

第 12 章.docx

第 13 章 团队项目分类中的任务和过程导向

Clive Rosen

摘要：团队项目是软件工程和其他相似本科专业的学位必修课。但是，设置这些项目的目的是什么，我们又希望学生能从中学到什么？通常，团队项目之所以涵盖在专业课程的大纲里，是因为各级教育主管部门的要求，但没有明确的教学理据。教学模块规范中使用的语言表述通常指就业技能和工作协同，但常常会掩盖不同技能的传授方式或技能成果交付方法。评估制度优先考虑的可能是产出的产品而不是产出的过程，甚至“过程”一词也是模棱两可。这个“过程”是指软件系统开发过程还是团队的磨合过程？如果是前者，那么为何需要组建团队？如果是后者，如何评估学生和第三方评价的满意度？“任务和过程”的分类首先提出团组项目的目标和对目标进行分类的模式；其次，提出适当的评估策略；最后，如果教工团队设想解决“个人发展”象限分类中的问题，章末提出一些可采取方法。本章将学生团组项目置于课程设计这更广泛的范围内，然后就学生团队项目提出的多样化目标进行阐释，尽管这些目标常常看起来有些自相矛盾。作为教师，应充分意识到这一点，并希望在团队项目中有所建树，远不止主动参与到项目的建设之中这么简单。团队项目给我们提供了帮助学生充分发挥潜力并切实展示学习成果的机会。

关键词：教与学的策略；学生团队项目；团队项目评估；协同工作；同行评价

13.1 引言

软件工程的课程里，设置学生团队项目的目的是什么？该课程的普遍性表明：团队项目必定成为此类课程中非常重要的组成部分。然而，当人们研究了与团队项目教学模块相关的系列结果时，他们会发现许多潜在的且存在冲突的目标，以及常与学习结果不吻合的评估手段。本章探讨了这种情况可能出现的原因，并提出一种将团队项目的实际目标与拟采纳的评估手段相关联的分类法。本章将团队项的目标置于更宽泛的学习过程模型之下，如图 13.1 所示，旨在通过模块学习，从课程学习的成果到适当的评价方法，描绘出一个清晰且有相互关联的范式。希望这种方法能够对计算机相关课程的程序设计有所启发。

团队项目模块学习成果经常引证就业力相关的要求，以说明团队中的工作能力、决策能力或有效沟通能力的目标。这些模糊的术语通常被认为是团队项目的必然结果，却避免了一个事实，即自我反省，挑战先入为主的个人建构。学生需要学习的机会，教师也需要激励其进行自我反思的过程。

计算机专业的学生往往不愿参与这样的学习过程。团队项目教学模块提供了将就业技能整合到课程中的契机。本章提出了提升就业力可操作性的建议。然而，如果真是这么简单，那么每个人都会这么做。外部资源虽然会发挥一定的作用，但对教学人员而言也面临一些挑战。我们不能期望学生在没有获得自我意识和自我反思能力的情况下进行自我反省。许多教师认为这不是他们教学的本分。希望本章中提出的一些建议将有助于克服学生和教职人员这种不得已而为之的畏难情绪。

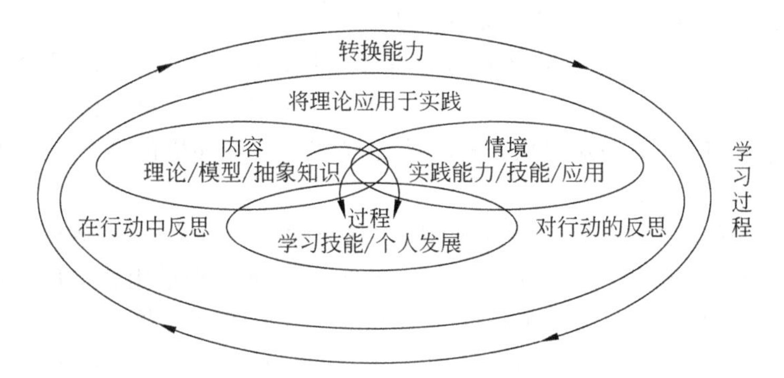

图 13.1　高等教育中的学习过程(Rosen 和 Schofield，2011；Roscn，2015)

13.2　学生团队活动的目的

对学生团队项目的要求通常很广泛。人们通常期望项目能够产生较广泛的成果，如工业类项目中的“现实世界”经验、就业技能、团队合作和沟通技巧。团队项目被视为课程的核心模块，旨在整合该课程其他部分的知识组合(如数据库开发、网站和编程)。这种期望导致学生对本模块学习的目的和要求感到困惑，还可能导致评估机制未能真实反映学习的实际效果，或者未能激励学生使其展现最佳水平，或未能为学生提供充分的机会适当地进行自我意识批判性的锻炼。

考虑学生团队项目的作用之前，将目标定得稍微高远一些或许会对我们有所帮助。考虑如何将高等教育目标与政府及行业对软件工程专业学生的要求联系起来，以及在此背景下团队项目如何在软件工程课程中发挥作用，图 13.1 有助于说明这种定位。

该模型确定了三个相交的圆，这些圆代表了学生学习的模型，可以在课程范围或模块层面上促进学生的学习和教学策略的开发。三个圈分别代表“内容”“情境”和“过程”。三圈相交表明这三种学习模型之间缺乏精确的界限。

“内容”包括本学术领域相关的理论、抽象的知识以及与该学科领域相关的积累经验，是从假设的情形中抽象出来的。内容通常可以在教科书、期刊论文等中了解到，并且通过高等教育的正规课程进行传授。从传统意义上来讲，内容是学术界关注的领域，重在传授，其特别之处亦通过持续性研究加以拓展。因此，该内容在 IT 学科中的示范都是标准化模式。

“情境”是将特定理论应用于特定情境，需要实践(操作技能)。理工类学科通常比人文学科更重视这一领域的培养，因为操作性(或实践能力)是成功的一个基本要素。现实中的情境涵盖解决与实际问题相关的知识和经验。当雇主抱怨毕业生就业准备不足时，往往抱怨的是与特殊情境相关的问题。

情境与实践能力的联系同理论内容与理解力之间的联系形成了鲜明的对比。在计算机领域中，说明两者之间差异的特例是，理解编程语言的原理（即内容）是一回事，学生能够使用特定的语言编码进行编程的能力（即情境）是另一回事。实际上，两者都是必需的。学生在不会使用特定语言编码解决编程问题的情况下，是很难理解编程原理的。但是学生必须理解这些原理，才能在大学毕业时更好地掌握工作中遇到的更宽泛的语言。大多数课程包括内容和情境，为此，教学中经常通过使用实例和案例研究来达到这个目标。抽象知识虽然有趣，但如果没有情境（应用），本质上则徒劳无益。

虽然理解力和专业技能被认定为高等教育体系目标的基本要求，但无论是单方面还是两者整合化，目前所做的都远远不够。近年，行业的隐性需求（也可以说经常受到政府政策的影响）使得毕业生应具备将知识从一种环境迁移到另一种环境的能力。这需要第三个领域，即“过程”。

学生需要发展的不仅限于知识和专业技能，还有独立学习的能力，运用对知识的理解来解决生疏问题的能力，理解学习过程和课程标准的能力，能识别适用特定环境的专用工具和技术的能力，以及社交和学习等其他技能。学生需要诸多解决问题的能力，如逻辑推理、演绎、研究和批判性评价。这些能力不会从理论内容和现实情境中自动生成，而是需要通过反思实践，且以同种方式加以培训和激励。Schon（1991）的“在行动中反思”和“对行动的反思”的理念可促进学生学习的过程。“在行动中反思”指“反思实践者”（此种情况下指学生）不只是完成任务，而是进行实践时，学生应充分思考以确保采取特定的行动是当下的最佳选择。“对行动的反思”指，一旦完成某个特定的项目，专业人员应该再接再厉着手进行下一个项目，同时应复查已完成的项目，看看能从中吸取哪些教训。例如，出了什么错误？能否使产出更有效？流程中是否引入了低效能步骤？很显然，这与 Shewhart Cycle（1986）和 Deming（2000）提出的质量改进过程有相似之处。人们可能会说，高等教育已习惯利用研究作为培养学生从事这些活动的手段，但是团队项目是鼓励学生进行反思的良机，因此，在学习模块的实践中，应特别强调采用同期的节点评价。然而，在很大程度上反省自我表现涉及自我批评的能力，这就需要学生有一定的自我意识和自信，而这些素质在计算机专业的学生中往往欠缺。

实际上，内容、情境和过程相辅相成。教学人员可快速在它们中间进行切换，即利用案例研究来阐述理论，询问学生在实际应用中可能出现的问题（理论上），并要求他们思考一些可替代的方法试图解决这些问题。然而，该模型确实为我们的目标提供了理想化的概念图景。这种渴望成功的高等教育只可能是一个理想化的目标，但它体现在所有计算机学科领域的课标里。此外，团队项目为课程设计者提供展示课程技能培养过程的契机。有人提出，这通常是团队项目教学模块运作时产生冲突的根源之一。我们应该思考如何帮助学生培养自我反思能力，以及如何评估自我反思的效果。尤其是对于计算机专业的学生，他们通常抵制这样的观念，但实际上，自我意识、个人反思和个人发展对软件工程师或系统工程师必不可少。

学生团队项目中很少包含新知识和新技能。他们更重视学生将教学模块中掌握的技能应用到特定的情况下，通常是在更复杂的环境中使用（类似图 13.1 提到的“情境”），但是团队项目模块的学习效果通常包括“团队合作能力”“对现实世界的理解”和“创造性思维”等，这些技能归属上述模型界定的“过程”技能。然而，人们通常希望学生能够证明他们确实真正理解所做的事情，能解释为什么是这样做而不是那样做。换言之，用批判性分析来证实学生知其所以然，该项要求位于图 13.1 模型的“内容”部分。当按照上面的模型来思考学生团组项目的目标时，而这些技能牢牢地处于图表的中心。因此，教师可能感觉一下子被拽向几个不同的方向，这不足为奇。对于特定的团组项目教学模块，是否应该强调现实世界的经验？应采用理性的决策还是团组合作？通过对“任务和过程”模型的思考，以及了解教学模块的设计过程，有助于教学人员解决问题，做出更准确的决策。

13.3　任务和过程

“任务和过程”网格图提供了在特定课程中考虑团队项目主要目标的方法。网格图展示了两个参数维度。纵轴上的一个问题是：“对于这个课程模块，我们是否或多或少地认为学生完成任务的能力比如何完成任务（即过程）的理解更重要？”然而，“过程”在这里有两种不同的含义。第一种含义表示研发过程，第二种含义的解释是团队的磨合过程。我们更关心计算机系统的生成方式，或是对团队动态变化的理解，还是行业团队里学生最佳的工作能力？而横轴有助于阐明这种差异。如果是前者，我们更关注学生活动的产出结果。如果是后者，我们强调学生思考团队运作的能力，以及团队内部磨合过程如何影响任务的执行。

因此，这四个象限为我们处理教学模块的重点提供了一种分类方法。如果担心学生的技能，我们将它置于模型左下角的象限。我们希望学生展示他们产出产品的能力（形式可以体现为数据库、网站、程序或应用程序等），我们将密切注意与“完成”任务相关的知识。或者，我们可能更关注学生如何完成任务，而非强调实际完成任务的情况。设计一些关于项目管理的问题，例如学生是否制定了相关要求？他们做过产品设计吗？测试依照严格的规范吗？我们将其准确无误地植入“软件工程”象限中。

如果项目的目标是提高就业技能，我们将关注学生如何共同合作产出他们的产品。与产出的人工制品本身相比，更重要的是学生的能力，即反思哪些做到了，哪些没做到，以及如何与人沟通达成适当而及时的决策。最后，学生们从自身的经历中学到了什么？

“个人发展”象限可能最难，也是最不明确的象限，可能是课程设计者在构建课程时最渴望的象限，也许是最难实现的象限。设计与学生个人发展相关的问题，如团队磨合过程中如何能有效地促进你最大潜能的发挥？你能为决策做出贡献吗？你能否在行动中反思？能否反思行动本身（Schön，1991）？这些问题可能是最难让学生参与的问题，也是最难评估的问题。在这一领域，教学人员可能不具备有效促进学生个人能力发展的资格，因此极可能不重视团队项目有关的教学工作。

图 13.2 和图 13.3 是相关讨论的概况总结。

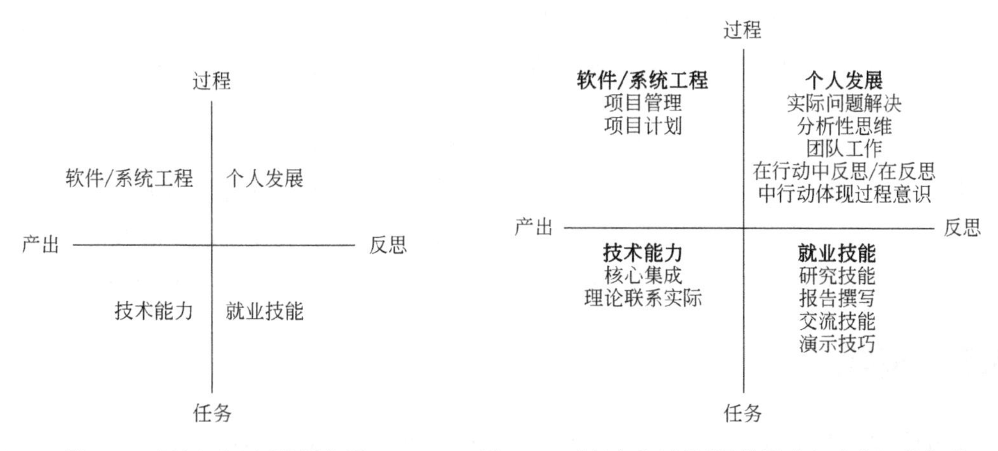

图 13.2　“任务和过程”网格图

图 13.3　“任务和过程”网格图中每个象限的相关活动

13.4 评估

如果不讨论如何评价每个象限内的团队项目，那么上述讨论是不完整的。如果每个象限均强调特定形式的产出，则应使用这些产出作为评估的手段。图 13.4 概述了与每个象限相关的评估手段。

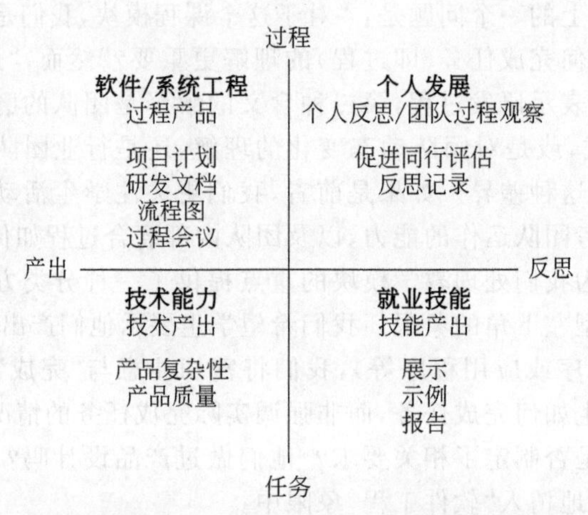

图 13.4 任务与过程网格中每个象限相关的评估

可以看出，潜在评估的范围很广且种类繁多。模块规范界定的学习效果常常模棱两可且缺乏精确性，因此应由教学模块负责人自行设计评价。然而范围的广度意味着无法评估每一个结果，这就是为什么明确界定学习成果就变得重要。如果模块教学团队不清楚他们的目标，学生可能会感到更加困惑。有些人可能会对这里介绍的分类方法的细节提出异议，但这一分析清楚地说明了评估团队项目遇到的困难。虽然"软件工程""技术能力"和"就业技能"三个象限相对都有不言而喻的可评估产出产品，但问题是要确定测评的重点。

由于多种原因，"个人发展"象限更为棘手。有人指出，计算机专业的学生往往没有意识到根植于此象限内更深奥技能的重要性。教职员工通常不愿意误入一个他们自认为不擅长的领域。在一个渴望获得工科地位的学科中，评估个人发展，随之而来的主观性也存在问题。此外，许多教职员工在经历了尝试评估国家高等技术教育毕业文凭（HDN）中的"关键技能"、学徒计划中的"核心技能"和作为就业重要组成部分的"就业技能"等过程后，对评估个人发展产生反感。许多人从这些经验中学到的教训是，如果就业技能没有被全面纳入整体的课程里，尤其是团队项目教学模块，则学生对这些在课程中临时追加的项目都会做出消极反应。这就提出了一个问题：如何在计算机等实践性学科领域实现职业化无缝对接的问题。13.5 节将介绍一些实施团队项目的方法。本书的其他章节也将会介绍其他方法。

13.5 实践

本节将重点介绍以及评估相关的技能，即"任务和过程"网格图中位于右上角"个人发展"象限中的技能（图 13.2、图 13.3 和图 13.4）。教职员工可能会比其他人更有信心执行这些建议。正如围绕着所有团组项目的特殊学术环境一样，后勤保障及人力资源部门都同样发挥着作用。记住一点，如果教职人员认为其中某些想法适合自己的教学环境，则经过一段时间后就可以引进该方法。

13.5.1　实时客户端项目

团组项目教学模块负责人之间争论的焦点是，无论是搜索真正的客户，允许学生构建自己的项目，或者由教学模块团队为学生设计一个小组项目，选择完全取决于项目实施的具体情况和项目的目标。这种"任务和过程"分类法帮助我们做出决策。然而，满意的选择归结起来是出于更务实的考虑。模块教学团队是否保障有足够的时间查找与审查潜在的项目？我们可否信任学生能为真正的客户提供产出服务？在客户端系统可以安装哪些装置或程序并能满足可持续性的支持？

真正的项目往往比人为设计的项目更加混乱且更加复杂。这意味着在项目进程中需要给予学生更多的支持，尤其是在客户管理方面。但这也是管理实际项目和真实客户的优势。学生会发现计算机项目系统开发的一部分任务是客户管理——与客户一起合作，确定他们的实际需求，在既定的时间范围和有限的资源限制下，与他们达成共识，商定切实可行的方案和可交付的产品。客户不存在软件工程规范中所影射的刻板印象。与真实客户的合作使学生了解这些现实，并提供许多卓有成效的学习机会。

此外，学生从事实际项目所体验的从业经历与其校园生活之间存在着根本性差异，而这一点往往不被认可：这项工作是为雇主而不是为自己开展的一项业务(自由职业者除外)。而校内学习是一个以自我为中心的职业，并养成了许多同学的"自我中心性"。就业意味着为他人工作(即使是自由职业者)，这就涉及到一个截然不同的心态。真正、实时的项目可以在相对安全的环境中帮助学生实现这种转变，至少在必要的情况下，模块教学人员可为学生提供一个安全保障。

考虑是否应该使用实地项目，尤其是需要外部机构(如企业)客户时，其另一个因素是学生可作为学校代表。如果学生愿意承担责任，这对学生和学校来说都是一次建设性的经历，但如果出了问题，则会给课程项目负责的教学人员带来风险。教学人员必须自行决定风险与收益之间的平衡。了解和研究企业是至关重要的任务，尤其是校企合作时，教学人员要长期保持与企业的沟通。毫无疑问，在开展人为设计的项目时，教学团队的工作量无疑会减少，但对学生和教职员工来说，潜在的回报可能更少。因为设计的项目很少存在短缺，团队项目为我们提供这样的实践机会，只有模块教学团队才能评估其环境中的损益比。

13.5.2　学生申请选定的项目

一种有助于将就业技能与团组项目相结合的方法是要求学生正式申请特定的项目。当外部客户提供项目时，这种方法尤其有效。该评估要求学生出示简历，向项目提供者提交申请函并参加项目面试(学生只有通过面试才能获得首选项目)。招募职业生涯测评师和项目岗位提供者来协助完成面试过程，因此这种经历可以更真实地反映出招聘过程。如果时间和人力资源允许，评估中心也可参与该过程。

这项活动的基本要素之一是将面试结果及时反馈给学生。值得注意的是，即使在这种相对人为设计的境况下，当学生面试准备不足时，随后从面试小组收到有关表现的反馈也会促进学生的学习。绝大多数学生以前从未经历过正式的面试，而这种有意义的面试的真实性和即时性是卓有成效的一次学习体验。面试小组设定正确的基调很重要。如采用不友好面试的方式可能使学生产生戒备防范的心理机制，这将无济于事；当学生未能认真对待面试过程或准备不充分时，就会出现有潜在的危害。因此，让外部客户加入面试小组会带来很多好处。它不仅使体验更加真实，还增加了客户在项目过程中的参与度。与此同时，接受真实客户的面试可以让学生对团队项目更投入，从而改善学生充分参与的愿景。

学生团组项目评估存在一个普遍公认的问题是学生“搭便车”现象的评估，即有些学生很少参与项目活动，滥竽充数，但期望与那些积极从事该项目的学生获得同等的分数。促进同行评价有助于缓解这一问题，但首先要对学生进行面试，可以通过增加项目的初始投入来提高学生的参与度。

13.5.3 技能量表

2006 年，英国高等教育管理局（Higher Education Authority，HEA）和精英体育联合会（British Masters Athletic Federation，BMAF）在举办就业研讨会上提交了一份技能标准清单，技能量表由此开发而来。该量表不断演变至今，体现了 6 项原则：①为学生的反思提供一个支持性的构架；②尽量减少对学生心理产生的威胁；③鼓励学生找出具体的样例进行研究；④注重个人经验的学习；⑤使自我反思成为实践的内在过程；⑥将雇主认可的技能作为自我评估的手段。

如表 13.1 所示，每一行代表雇主认可的重要技能之一。要求学生确定每项技能展现的具体示例。如果有多个示例，则可以在同一标题下插入多行。“活动描述”栏要求学生阐明具体情况，“何时”“何地”栏用于确保活动的特定时间和地点，而不能指泛化的活动。在“你做了什么”一栏中，要强调的词是“你”。学生通常将这些项目视为群体活动来体验，重要的是让学生把握独立个体而非小组成员的身份，学会区分个体意识与群体意识的不同，这样才能确定集体成果是否与他们个人的投入有关。学生们往往意识不到自己的长处，或者弱化自己优点，而这项练习有助于他们识别自己的优势和学习经验。“学习”相关栏也许是最重要的。这些条目表达了自我反省和自我评价的理念。仅凭经验是不够的，专业发展需要个人对经验中学到的东西进行反思。对于经验丰富的专业人士而言，这可能是专业实践整体中不可或缺的一部分，对于学生和刚入行的新人来讲，持续不断地进行自我评估和反思的理念并非不言而喻，而学生常常意识不到这是必要的过程，但专家却通常认为该实践是理所当然的活动。

表 13.1 技能量表

技 能	活动描述	时间	地点	你做了什么	学习结果	学习内容	学 习 重 点
领导力/进取心							
影响力/磋商力							
团队合作							
有效沟通							
自我激励							

续表

技　能	活动描述	时间	地点	你做了什么	学习结果	学习内容	学 习 重 点
决策能力							
策划/组织							
抗压能力							
个人发展							
商业意识							
演讲/撰写报告							

最后一列属于可任意选择的条目。它可以帮助学生制定行动计划，并确定哪些技能应成为未来优先发展的重点。

该量表可以作为一个独立的练习来使用，如果学生准备申请就业或参加研究生入学，则它具有更大的相关性。英国雇主通常采用"基于能力的方法"来面试申请人(如 CAR，是情境、行动、结果的缩略语)。这种方法以提问的形式展开，例如"描述何时……你做了什么……结果是什么?"技能量表可以帮助学生就此类问题做好准备，从而提升他们在面试中表现良好的概率。

13.5.4　辅助性同行评价

Rosen(1996)首先描述了辅助性同行评价(FPA)，作为评估个人对小组项目贡献的一种方法，是鼓励学生反思的一种方法，这要求学生与其他成员比对后评估自己的活动表现，而且向其他团组成员提供反馈信息。这样，FPA 既是项目的一部分，也是评估过程的一部分，为探索自我反思提供了一种手段。

FPA 采用项目后评价的形式，学生与模块指导教师一同在面对面的小组会议上评估项目成功与否。作为一个团队，他们还必须就各个成员对项目贡献的分配达成共识。指导教师的作用不是影响学生讨论，而是引导学生讨论(不是鼓励学生得出结论)。与其他形式的同行评价相比，FPA 具有多种优势，前者通常由学生填写的不记名互评表构成。这种传统方法缺乏透明度，会削弱同伴评价的价值，学生将项目贡献大小归结于成员的合作，但存在的问题是不易觉察的评判标准或难以度量的公平程度，这些都造成了学生的困惑。团队项目可以提供很好的机会来探讨团队中的无意识偏见，但是不记名的互评使评估手段无法克服或避免这些偏见。因此，通常由模块教学团队负责并调整学生的评估。可以说，适度调整评估的分值是模块教学团队的职责，但是如果出现模块教学团队调整学生同伴评估的行为，学生可能会质疑其可靠性，甚至会影响到整个评价过程的有效性。此外，教学人员对学生之间同伴评估过程的审阅会削弱学生对这一过程的责任感，这是因为他们无法完全掌控同伴评价的过程。

而 FPA 避免了这些问题。首先，它是开放和透明的。学生知晓其他团队成员对自己的评价，包括肯定和否定性的意见。因此，FPA 完全有把握成为一项备受肯定的评价活动，当然它也是一项功能性活动。学生要对评价过程负责，因为指导教师的角色是促进者而不是调解员。FPA 还为学生提供了反思其评估过程和评判标准是否合理的机会。学生必须对项目成员贡献的大小做出判断，如项目经理与首席设计师相比，谁的功劳大？贡献的性质是什么？这样做的效果是要求学生反思自我的表现，对待其他团队成员的反馈亦是如此。对于那些口才不佳的人，FPA确实对他们的果敢和自信心提出了挑战，但也充当了促进者的角色，来帮助学生提升表达自我的能力(就业能力关键要素之一)。

学生在FPA评价过程的自主权也会带来较大的副作用。团组项目教学模块的负责人要熟悉“搭便车”学生的概念，也就是那些袖手旁观、坐享其成、希望从其他同学的工作中获益的学生。通常，教职人员唯一(有意义的)的惩罚措施是将这些学生从团队中请出去。这是一个非常重要的“核心选择”，导致被退出的学生未能通过该模块考核，并且教职人员必须有非常确凿的证据证明某个学生现在没有，而且未来也不会做出贡献。用团体动力学的角度来解释，学生在项目中缺乏主动性参与的情况可能是非常复杂的，因为在团队项目中，异质分组客观上(性别、种族、文化和语言)都有可能对同伴的可接受性产生影响，而且那些没有做出贡献的学生很可能会觉得他们被团队排斥，而不是主观不想做贡献。学生在FPA评价中的职责和权限，使他们对团队项目的成功运作负有更大的责任。FPA赋予学生惩罚未做出贡献成员的权利，甚至可以包括那些在项目进程中对其他同学施加压力的，或者那些回避“核心选择”的人员，其结果是让有贡献的学生有掌控力，并且对项目拓展的责任义务做出积极的回应。核心选择仍然有效，但是如果确实需要借助核心选择，通常要有更明确的证据来佐证该选择。

FPA也存在一些问题，因为它取决于教学人员对FPA流程进行管理的信心。在FPA中，团队内部可能存在积怨或潜在冲突，有时甚至在评价过程中显现出来。教职员工可能认为管理此类冲突不是他们的责任，但如果这种紧张局势导致团队未能充分发挥其潜力，我们至少应该意识到这一点，让学生了解到这种紧张关系对项目进展产生消极影响是具有积极意义的。毕竟，他们很可能在工作生涯中遇到此类情况，如果他们能在有安全感、助力团组项目的环境，对对此进行反思，那么他们将为职场做好更充分的准备。

管理团队项目中的冲突对教师来说是一项挑战。起冲突可能是学生团队项目存在的常见问题，是教师最不愿意看到的，这可能是许多教师在负责团队项目运行时回避“任务与过程”网格图中“个人发展”的原因之一。然而，毕业生能够与其他成员合作共事的能力，往往使他们出类拔萃，成为有潜质的员工，并且这种能力在职场也是稀缺的(Teague,1998; Capretz,2003)，这表明这种努力是有回报的。

13.5.5 团队成员甄选程序

团组成员的甄选过程在某种程度上与团组项目的分类相关，因为我们可以针对项目关注的象限来选取团队甄选的方法。但是，这仍然是争论的焦点，教学人员需要认识到选择过程对团队动态的影响。团队理论认为团队形成是群体生命中最重要的事件之一，其形成方式在团队磨合过程中呈现震荡反复的模式。

团队成员甄选的争论焦点围绕着是学生选择自己的团队还是由教学人员选择团队成员。关于最佳方案的争论已经反复推敲，这里不再赘述。但是，有两种选择可能会引起人们的兴趣，它们在某种程度上绕开了这个困惑，并提供了一个鼓励学生反思的机会。

第一种是利用早教辅导课式的教学与学生讨论甄选的方法。首先，采用头脑风暴法对团队选择进行集思广益。学生通常会在20～40种可能范围进行甄别，如学生应选择自己心仪的团组或心仪的教师主持的团组，选择距离自己居住地最近的同学，甚至将学生身高等因素考虑在内。随后，课堂上继续讨论每种方法的利弊，从实用或道德的角度排除一些选择，并以批判性方式看待更合理的方法。这些讨论经常提出一些伦理和道德问题，例如“面对没有被团队项目选中的人，该怎么办?”“那些不了解的新人，该怎样选?”或“当朋友之间闹翻了，该怎么办?”经讨论后，学生决定具体采纳的方法。这里必须指出，学生通常采用自选法，但事实上并非总是如此。然而，这种形式确实将甄选的责任交给了学生。因此，他们很清楚，如果项目失败，那不是教师的错。学生似乎喜欢这种散漫法，对于学生和教学人员来说，这很有启发性。

第二种方法是项目优先法。首先界定项目，然后学生选择他们要从事的项目。这种方法不必结合上面提到的面试过程和外部客户，但确实需要向学生明确说明项目内容。同样，这种方法将团队选择的责任交给学生，尽管是间接的，但项目优先法巧妙地改变了教学模块的初始动态，着重强调了任务的重要性，而不是只享受年终与队友的狂欢夜。

13.6　结论

本章旨在开发一种教学分类法，在软件工程类课程培养目标范围内确定学生团队项目的重点。这种分类法界定了四个象限，这些象限成为该课程中团组项目教学模块的重点，即“系统工程”象限、“技术能力”象限、“就业技能”象限和“个人发展”象限。每个象限都规定了与该象限相关的活动类型以及用于评估学生能力的范例。建立与范例的对应映射，希望能保证评估方法与学习成果之间的连贯性和一致性，因此，教学人员能够更好地阐明教学模块学习的目标，并为学生达到评估要求做好充分的准备。软件工程课程中，其他教学模块似乎将学习成果与评估方法之间的一致性视为理所当然的事情。由于团队项目模块的诸多目标存在内隐与外显两种形式，针对团队项目教学模块的实际用途可能存在的歧义，明确的解释至关重要。希望这种教学分类法有助于解决此方面的困扰。

“个人发展”象限尤其具有挑战性，涉及计算机教学人员，非本职工作范围内的陌生领域。但是，团队项目通常被视为就业能力的关键要素，尽管有些勉为其难，英国的高等院校已经签署了该议程备忘录。实际上，很难将个人发展的要素与一般性的就业能力区分开来。例如，团组合作总是涉及管理人际间的意见分歧，有时甚至是冲突。如果我们真正要解决就业能力的这些问题，我们可能需要为学生提供反思的机会，并从适当的经验中吸取教训，这正是团组项目模块为我们提供了一个锻炼的机会。本章还提出了一些建议，可以用来帮助促进学生的个人发展。在当前高等教育的重要议程里，尽管有些人回避“个人发展”的实践培养，但无论采用了哪种方法，我们都希望此处介绍的分类法为教育决策提供框架。

参考文献

第 13 章.docx

第 14 章 实现高等教育中大学生的就业能力阈值

Chris Procter 和 Vicki Harvey

摘要：阈值概念自提出起经过了大量的论证和发展。阈值概念可以被理解为“类似于一个入口，它打开了思考事物的一扇新的、以前无法进入的门……它代表着一种理解、解释和观察事物的转化方法……没有它，学生就不会进步。”（Meyer 和 Land，2003）。关于该概念与就业能力的相关性研究还很少。就业能力是高等教育的重要基础，但目前就业能力在高等教育课程体系中的角色尚不明确，且存在争议。本章的实践研究表明，培养就业能力知识可被看作一个阈值，当达到这个阈值时，就会增强学生能力，并给予学生信心。要做到这一点，就必须将这些知识融入高等教育课程设置中。以此为目的，本章提出一种新的评估模块，阐述评估设计在引导学生理解就业能力时发挥的作用。

关键词：就业能力；阈值概念；工作能力；职业发展

14.1 引言

自 20 世纪 60 年代中期以来，高等教育领域发生了重大变革，为当前英国高等教育就业能力的发展铺平了道路。1963 年的罗宾斯报告（Barr，2014）带动了一批新的高等教育机构（HEI）成立，以确保所有有资格和希望接受高等教育的人可以进入大学（Barr，2014）。高等教育统计机构（HESA，2017a）的数据表明，此后大学生入学人数持续增长。2015—2016 学年，学士学位新生入学人数为 542575 人，较 2006—2007 学年增长 3%。

英国的毕业率在经济合作与发展组织中的国家里位列第二，大约 47% 的学生毕业后继续进行高等教育，但这种增长在毕业生就业市场上无法复制（The Guardian，2016；CIPD，2015）。政府数据显示，31% 的毕业生没有从事与之专业相匹配的工作或对专业技能要求较高的工作（BIS，2016a）。雇主报告（Archer 和 Davison，2008；Woods 和 Dennis，2009）表明，很多毕业生尚未做好工作准备，也没有达到雇主所期望的工作能力要求。尽管有大量未就业的毕业生，但就业市场中依然缺少专业技能人员（CIPD，2014；CBI，2015），而高等教育在缩小这一差距方面发挥的作用不断受到质疑（Cranmer，2006）。英国历届政府的应对措施都是持续对高等教育院校增加压力，要求他们提升毕业生的就业能力。具体到计算机专业毕业生，技术合作报告（Matthews，2017）强调了学生和雇主期望之间的差距，以及大学培养就业技能的必要性。由 Nigel Shadbolt（HEFCE，2017）领导的英国高等教育资助委员会（HEFCE）进行的审查建议,应更加注重学生就业能力培养,并将“职前准备”技能纳入课程体系。

本章在简要阐述就业能力政策演变的基础上,讨论雇主如何将就业能力定义为一组工作能力。然后,本章说明了好的高等教育机构如何做到帮助学生展示他们的就业能力,并认为最好的办法是将此纳入课程体系。本章阐述了阈值概念的相关理论,以及如何利用评估作为杠杆,使学生实现就业阈值。本章介绍了一个针对本科生的大规模、多学科相结合的评估模块的设计与应用。虽然参与评估的这些本科生主要学习与商业相关的课程(包括 IT),但这种方法同样适用于计算机专业的学生。学生的反思和反馈可被用来验证我们模块的相关研究。将就业能力纳入课程中,帮助学生克服他们的“巨大困惑”,通过考虑其价值从而得出结论(Hawkins 和 Edwards,2013)。

14.2　就业政策的发展

20 多年来,历届政府都在密切关注就业问题,以确保高等教育解决毕业生能力与劳动力市场需求之间的差距(Artess 等,2017)。迪尔英报告(NCIHE,1997)的提出,进一步推动了高等教育在培养学生就业能力中发挥的作用。随后出台的一系列政策强调了高等教育与经济繁荣之间的密切关系,以及对培育拥有就业能力的毕业生的需求(BIS,2016b)。

自 21 世纪初以来,各项政策举措一直试图通过使用国家标准将就业能力纳入学习体系中。高等教育毕业生就业调查(DLHE)于 2003 年开始进行,调查对象是所有毕业六个月的本科生。它可以比较高等教育机构间毕业生的就业或升学质量。就业质量数据被当作评估高等教育机构排名的关键指标。英国最新的举措是将其与学生资助挂钩(即教育卓越框架 TEF),旨在进一步倒逼大学管理层提升学生的就业能力。但值得注意的是,此类数据的应用需要结合具体情况加以考虑,因为数据的收集方法需要进一步完善,使其具有普适性。因此,下一次高等教育毕业生就业调查基础数据在 2020 年 1 月之前不会发布(HESA,2017b)。重要的是,Artess 等(2017)认为,就业能力现在已经成为高等教育机构培养学生的首要任务之一。

14.3　定义就业能力:理解工作能力

了解雇主方对就业能力的认知是解决这一问题的基础。学校的课程培养对法律或护理等传统学科具有重要影响,这些学科课程在定义学生的工作能力、学习能力和职业技能中发挥的重要性得到广泛认可。许多其他学科,例如计算机,虽然是专业性较强的学科,但并不是为具体单一工作而培训人员,旨在培养学生具有满足雇主期望的综合职业技能和商业知识。然而,相较以前学生按部就班从大学毕业,然后顺利步入工作岗位,这种现象随着就业市场的变革已不复存在。就业市场的波动和流动性意味着,就业能力正越来越多地被定义为一个人是否具有沟通能力、工作能力和职业技能(Independent,2015;Times Higher,2015)。

21 世纪,在工作申请过程中对综合工作能力的关注变得越来越重要。能够证明自身具有较强综合工作能力的学生,在寻找工作和未来晋升方面具有潜在优势。

高等教育学院(HEA,2015)确定了一份与毕业生特质相关的 34 个术语的综合清单,这份清单表明工作能力难以界定,能够定义的工作能力也相当模糊,工作能力被描述为"个人占据的位置"(Artess 等,2017)。更实用的是,Dubois(1998)将工作能力定义为知识、技能、思维方式和思维模式,这些特征无论是单独使用还是以多种方式组合使用,都会有优秀的表现。此外,还有大量的能力需求清单(Diamond 等,2011),通常包括团队合作能力、沟通和人际关系、领导力、商业意识、主动性、灵活性、热情、个性和许多其他能力。

14.4 展示工作能力的重要性

因此,高等教育所面临的挑战不仅仅是传授工作技能,而是帮助学生认识到自身的价值,并培养他们挖掘和展示自身工作的能力。然而,学生们可能没有充分认识到在学习过程中参与就业的重要性,除了管理自己的兼职工作外(Tymon,2013;Greenbank,2015)。Tomlinson 在他的《毕业生就业能力综述》(*Review of Graduate Employability*,2012)中指出,尽管展示自身工作能力是典型招聘过程中的关键部分,但许多人并不具备雇主所要求的工作能力,也不具备展示这些能力的技巧。他补充说,就业能力不仅代表个人所具备的工作能力,还包含他们如何将自己的工作能力展示给雇主。

Brown 和 Hesketh(2004)的研究清楚地表明:对于毕业生来说,他们面临的挑战是如何将自己的就业能力生动地全部展示给雇主,让雇主发现自己的发展潜力,并展现出雇主所期望的个人和社会履历(Tomlinson,P420)。

Tomlinson 等(2017)在此基础上进一步研究高等教育机构培养学生"资本"的必要性。资本可以被理解为关键资源,即毕业生的教育、社会和初始就业的经验积累,帮助他们过渡到就业市场时具备的有利条件(Tomlinson)。这样的"资本"不仅包括智力资本,还包括社会资本。

如果按照建议,招聘人员看重的就业能力取决于应聘者展示自己工作能力的才能,这对高校就业能力的培养具有重要意义。那么,面临的挑战不在于高等教育是否应该寻求培养工作能力,而是以何种方式做到这一点,同时还考虑到一些学生历来缺乏提升就业能力的主动性。

14.5 如何培养就业能力

所有大学一直鼓励学生考虑他们未来的就业,并提供就业服务支持。通常,他们组织雇主访问,举办招聘会,并提供就业信息、建议和指导。但是,学生可以选择性参与这些活动,这就意味着这些活动并不足以覆盖所有学生,也无法确保毕业生具备适当的就业知识和认知。因此,许多机构将目光投向课程中,探索是否以及如何能够将就业能力融合在课程中。最近,英国高等教育学院(HEA)发布了一个关于高等教育就业能力的框架(Cole 和 Tibby,2013),推动了这一趋势的发展。HEA 关于就业能力教育的报告(Pegg 等,2012)包括许多将就业能力融入课程的案例研究。然而,这些研究都没有明确地将课程评估与展示学生工作能力用下文描述的方式联系起来。

14.6　是否应该在课程内培养就业能力

Cranmer(2006)以一组英国大学为研究对象,观察了不同的授课模式,并得出结论:通过课堂教学培养"就业技能"的现象不多。她认为,高等教育机构应该在以就业为基础的培训、雇主参与的课程和与雇主接触的机会(如就业、实习)等方面更有效地利用资源。她认为传授就业技能是不可行的,甚至是不可取的。Tymon(2013,P853)认同就业能力的复杂性,并质疑发展就业能力是否在高等教育机构的能力范围内。

同样不清楚的是,这些技能和所做出的努力能否应用于实践,如果可以,高等教育机构应发挥何种作用。撇开关于高等教育机构是否有能力、是否愿意被安排来提高就业能力的争论不谈,有证据表明,还有其他可能更合适的选择。

Tymon(2013)进一步声明,随着高等教育机构的改进,就业技能是可以培养并融入到课程中的,但许多一年级和二年级的学生似乎很少参与这些活动。这必然会降低他们的学习动力,并对培养就业能力造成不可避免的影响。

Tymon 的结论是:"培养这些就业技能可能超出了高等教育机构的能力和职权范围。"

14.7　在课程教学中建立就业能力

目前没有充足的证据表明试图"教授"或"培养"雇主所要求的工作能力是有效的。这种努力似乎与课程的优先级相冲突,因为课程的重点集中在学科内容上。我们的探索是基于之前尝试失败后的一些反思:①尝试规定让学生做早期个人发展规划(PDP)的进度计划;②让大多数学生参与课外就业。就本研究而言,学生的统计数据是下文所描述模块本质背后的一个关键驱动因素。大学中曾参与各项活动的学生比例相对较高,目前占总人数的42%(University of Salford,2017)。

也许指导大学生培养就业能力并不容易,但可以引导他们在已有经验和知识的基础上建立自己的就业能力。这些知识来自于他们在课内外的学习。为了使这种做法有效,学生们不仅要认识到就业能力的重要性,更重要的是,他们需要跨越自己理解与雇主理解之间的阈值。

14.8　阈值概念和就业能力

Meyer 和 Land 在 2003 年通过一项研究的启发,开创了阈值概念理论,这是一项关于有效本科教育特征的研究项目,主要应用于经济学领域。类似于一个入口,它"打开了思考事物的一扇崭新的、以前无法进入的一扇门……它代表着一种理解、解释和观察事物的转化方法……没有它,学生就不会进步"。随后的调查显示,通过阈值概念掌握一门学科的核心原理可以应用于任何学科,这表明 Meyer 和 Land 的最初发现具有广泛适用性。特别是Cousin(2010)的研究,表明了阈值概念在发展教育学和增进学科专业知识方面的重要性。证明这项新认识有一个优秀案例,它完成了从学法语的学生到讲法语的学生间的转变(Cousin,2010)。

学生们的导师认为这项认识非常重要，具有变革性和不可逆转性，而且我们认为这项认知不是只针对特定学科的。阈值概念具有非特定学科的共同特性。Land、Meyer 和 Flanagan 在 2016 年的工作中更全面探讨了它们在高等教育中的意义。Flanagan(2017)总结了阈值概念的特点，见表 14.1。

表 14.1　阈值概念特点概述(Flanagan，2017)

阈值特征	典型影响
变革性的	一旦突破了阈值，它促使学生看待学科的方式发生转变
易困扰的	阈值概念对学生来说可能是易困扰的。Perkins(1999)认为，知识是易困扰的，例如，当它是反直觉的、陌生的或看似不连贯的
不可逆的	鉴于它们的转化潜力，阈值概念也可能是不可逆转的，也就是说，它们是不容易被忽视的
系统性的	阈值概念在突破理解后可能会将各方面的零散知识整合为系统认知，包含学生之前觉得不清楚或不相关的一些方面
有界限的	阈值概念描绘一个特定的概念空间，服务于一个特定的和有限的目的
话语性的	Meyer、Land 和 Davies(2006)建议，跨越一个阈值或许需要增强和扩展语言的使用
重塑性的	理解一种阈值概念需要学习者主体发生认知转变
阈限	将突破知识的阈值看作一个仪式，这涵盖了漫长艰难的学习之旅。突破阈限需要学习者积极参与，当学生在理解上经历突破和令人困惑的阶段时，会在阈限周围徘徊波动

阈限的概念来自于 Meyer 和 Land 在 2006 年发表的另一项研究成果。阈限涉及学习者的积极参与，当学生在理解上经历突破和令人困惑的阶段时，会在阈限周围徘徊波动。Cousin(2010)把这个概念比作青春期。在学习过程中，可能在一段时间同时会涉及理解和不理解两种情绪，这个过程也许非常情绪化。工作面试的第一次经历就是一个很好的例子，第一次面试对于个人可能是一种似懂非懂、懵懵懂懂的状态。在面对面的面试和其他雇主参与的面试(例如评估中心和在线视频面试)中想要有良好高效的表现，需要对雇主的观点有清晰的了解，何时达到这种状态，就是就业能力的一个阈值。实现对就业能力的清晰理解与阈值概念的描述相吻合。

Burch 等(2014)在他们《识别和克服阈值概念》的论文中，强调了为了应用这一理论而改变课程设计和授课方式的重要性和难度。Cousin(2010)认为，通过实际应用"阈值概念"制定的教学策略，为学者在以教学为中心和以学生为中心的教育中提供了一个思路，从而使其在所有学科中都具有吸引力。在实践中，这涉及从教到学的重心转变，需要特别关注学生如何在先前经验的基础上拓展他们的知识。

14.9 构建就业能力

在考虑我们引导学生达到就业能力阈值的最佳方法时，我们设计的解决方案是遵循一种建构主义的学习和教学方法。方法可以用 Plutarch 的一句话来描述："头脑不是要填满的容器，而是要点燃的火焰"。Boud 等在"反思：将经验转化为知识"(1985)方面的工作是有价值的。其提倡在激励教学中评估和反思。Wiggins 和 McTighe 在《理解性教学》

(1998)中也提出了这样的观点,首先确定需要的结果,然后设计相应的评估。Boud 进一步建议,教学和评估过程需要使学生能够利用他们以前的经验和知识,以便他们能够"在响应教学的基础上对自己的学习肩负起责任"(Boud,1988)。正如 Villar 和 Albertin(2010)所建议的,学生需要更积极地参与和肩负起他们的教育,提升自己的社会价值。让学生更好地了解如何做到这一点和参与学生主导的活动,可以培养和展示学生主动性。《学习性评价》(Sambell 等,2013)中阐明了这种观点,提倡使用评价反馈来促进学习,而不是只去衡量结果。Fook 和 Sidu(2010)的论文中普及的权威性评价,关于其重要性的讨论也会对我们产生影响。

14.10　拼图式评估方法

我们采用了一种拼图式评估方法,并运用这种评估机制推动上述讨论。这是类似于被普遍称为鹰架理论的一种评估方法。Winter 的论文《拼图式评估方法:解决高等教育课程评估中的问题》(2003)解释了该方法的内涵。学术人员将模块评估定义为一系列任务。任务本身是一个培养过程,是在原有经验的基础上运用新方法引导学生自主学习。这些任务具有分析性和经验性。

Winter(2003)将此与在原有基础上创造的概念联系起来,鼓励学生根据他们手头的社会、物质和经验资源完成每一项任务。在这种情况下,学生们会得到快速反馈,也会鼓励同辈间给出社会反馈。

最后,学生被要求通过自我反省来整合这些拼图。在论证拼图式评估的价值时,Winter(2003)引用 Barnett 的话:"只有在自我反省的那一刻,才能获得真正的知识自由……只有通过成为一个持续的'反思实践者',学生才能获得一定程度的人格完整。"正如 Moon(1999)所建议的,这提供了一个机会,除了收获见解和决定权之外,还可以参与个人或自我发展。因此,最后的反省和解读环节,为学生展示他们在就业能力学习方面达到一个阈值提供了可能性。

14.11　职业发展模块

我们现在讨论的是如何在一个 20 学分大模块(六分之一或一年的学习)中实施这一点,针对的是 600 名来自 11 个不同专业的本科生。

"拼图式评估"(Winter,2003)旨在让学生了解自己的就业能力,评估复制了典型的招聘过程。图 14.1 说明了模块的评估任务,该模块密切跟踪雇主在求职申请阶段工作的程序。学术和职业领域的工作人员与雇主一同参与了每个阶段,有大量证据表明这种伙伴关系是有益的(O'Leary,2017)。

评估由一份"招聘广告"的职位说明开始,学生们被要求完成一系列任务,首先要向全班同学进行自我评估。他们必须结合自己的经历和职位的需求来判断自己工作能力的强弱。学生被要求使用"情境、任务、行动、结果"(STAR)方法来证明自己的优势,并制订行动计划以解决需要改进的地方。这个过程会给学生反馈,并在必要时提供支持。

随后,学生使用领英(LinkedIn)创建一个数字档案。与其他形式的社交媒体不同,领英

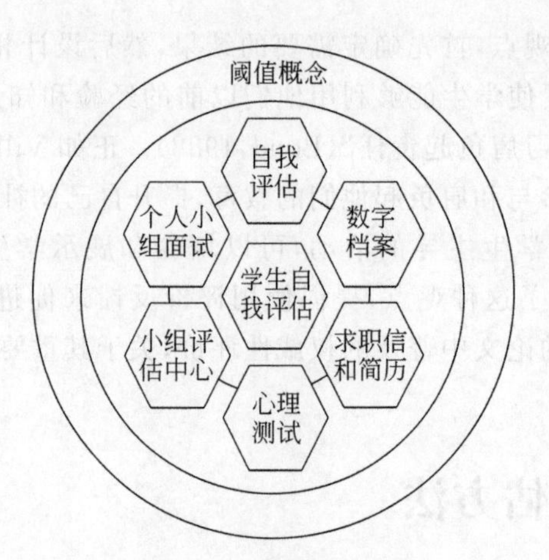

图 14.1 拼图式评估

平台聚焦可以反映学生当前和未来就业能力的职业前景，重点突出他们的技能、经验、课外活动，以及他们的教育背景。

然后，学生们提交一份简历和求职信。这项工作的评估重点是申请的质量和与岗位需求的相关性，而不是学生的能力水平。

所有学生都必须完成一系列行业标准的心理测试。这些测试被视为一个学习机会，可以在最终评估中得到反映。

许多学科专业的学生被随机组合到一个评估中心，公司的人员也参与其中，旨在尽可能贴合实际，模拟约 90％的大中型雇主使用的招聘标准程序（AGR，2016）。每个学生被分配到一个小组去解决一个商业问题，然后进行团队汇报，在汇报中评估他们的领导能力、团队合作能力和沟通能力。

根据招聘广告中提供的相关职位描述，对每位学生进行小组面试。是否提前准备面试问题的答案和参与的积极性是这一环节的关键。评估过程尽可能还原真实情境，仪容仪表、是否守时和肢体语言也是评估标准的一部分。

最后，学生被要求综合回顾他们的经历，并讨论如何继续提高他们的就业能力，展现他们的工作能力。达到就业能力阈值的潜能贯穿整个发展过程。重要的是，学生被要求思考的不仅是面试实施的过程，而是他们自己在这个过程中得到专业上的收获。这可能是他们认为对未来发展有影响的一个关键事件，或者是个人表现的一次考核结果。

这个顺序如图 14.1 所示，从自我评估开始，沿着六边形顺时针方向移动到面试环节，然后以学生的自我评估作为结束。

评估的每一部分都遵循以下循环周期：①学术人员通过讲课介绍就业所需要的能力，雇主们阐明他们所期望的就业阈值；②研讨会中提供可以锻炼的机会和详细的说明，还有问答环节及对就业计划的反馈意见；③提交评估；④在线快速反馈，在接下来的研讨或会议中给出有助于个人发展的指导；⑤基于个人书面反思，总结给出最终反馈。

评估的实施集中了大量资源。60 名职员、雇主、研究生参与了模块的运行和测评，其中涉及相互协调、公平性和适度性等问题的处理。在评估实施的重要过程（例如心理测试环节），使用的技术、众多不同的观点、不同的文化背景和许多传统的问题造就了评估的复杂性。

14.12　数据信息

本章的数据全部来源于参加职业发展模块的学生所提交的总结陈述。在他们的允许下，这些资料以匿名方式呈现。学生的总结陈述构成了拼图式评估项目研究的最后一个环节。在这个环节，学生被鼓励和要求审视自己职业发展的优劣面，基于学生反思的质量而非学生特定的表现结果对学生进行评估。

我们有意地选择那些说明本章论点的陈述（即有目的的抽样）。采用语言分析方法处理数据，阈值特征被用作定性分析这些数据的框架（Alvesson 和 Karreman，2000）。还有我们不得不指出的一个问题——相当一部分学生认为就业能力不是课程中值得花时间的科目，这些观点在下文中没有考虑。本章列举的样本没有按具体的学位课程或任何其他人群特性进行分类。综上所述，我们支持上文提到的，关于 Winter（2003）引用 Barnett 所提出的实现知识自由的评论。所选的引文旨在说明学生的见解，这些见解表明了学生基于阈值和建构主义概念对就业能力认知的发展过程。它们在不同的章节呈现，但内容都相互关联。

（1）学生讨论了该模块如何帮助他们理解就业过程。

学生 1："在专业发展模块的学习中，我意识到就业技能的重要性。我开始了解应届毕业生必备的一些素质、技能和知识，具备这些才可以保证我们有胜任岗位的能力，对我们自己和雇主都有利。"

学生 2："通过这个模块，我发现我大大增强了自己的核心就业技能，现在我觉得自己在申请职位时会更有信心。我更加了解雇主希望从一个理想的求职者身上找到什么……我知道拥有诸如团队合作、商业意识和领导能力等技能很重要……，这完全取决于你如何用自己的主要经历和一些情境向雇主证明你拥有这些技能。"

学生 1 和学生 2 都指出，他们首先需要理解雇主的需求，然后证明他们拥有满足雇主需求的能力，下文的其他同学也提出同样的观点。对包括学生 2 在内的一些学生来说，正是形形色色的模块评估给了他们信心。

（2）学生们结合自己的学习经历讨论认为，尽管最初心存疑虑，但就业能力是一个发展的进程。

学生 3："一开始我不理解它的功能，以为它只是大学的一个模块。然而，通过完成它，我可以说我在各个方面都有所提高，尤其是在模块开始时个人技能评估中指出的我的不足之处。"

学生 4："我在专业发展方面的历程是一段既备受鼓舞又令人欢喜的经历。我对自我就业能力的理解有了很大的提升，因为懂得如何让自己对于雇主更有价值，现在我对自己的就业能力更有信心，比如我知道，能够展示一项技能与拥有它同样重要。"

学生 5："通过学习这个模块，我的就业能力有了明显的提高……在我 1 月份开始学习这个模块前，我已经被申请的 5 家不同的公司拒绝了。而学习这个模块之后，我得到了两份工作……我的就业能力提高了……我的信心也增强了。通过使用 Gibbs 反思模型（1988），'促进自我完善，将实践与理论联系起来'，我还能够进一步提高我的就业能力。"

有趣的是，有很多学生提到了他们自信心的增强，这个主题将在下文进一步讨论。同时我们可以看到，学生在拼图式评估过程中对任务非常投入并且坚持不懈，因此他们理解了不同招聘过程之间的关系。

(3) 与上述学生 4 一样,其他人也讨论了反思和自我评估在就业过程中的重要性。

学生 6:“我从这个模块中了解到,定期的自我评估是必要的,就业能力对于持续发展至关重要,探寻和积累能够提高就业能力的经验,将使我不仅能够找到工作,而且能够获得终身就业的能力。”

(4) 虽然学生们没有使用“阈值”这个词,但下面的例子表明,一些学生确实达到了“阈值”。

学生 7:“在这个模块开始的时候,我在自我反思和记录方面很糟糕,没有意识到其中的意义。然后我开始明白,反思生活中我做的每一件事的重要性。这让我开始思考为什么反思很重要,以及它与我个人就业能力的相关性。在一个不断变化的世界里,定期对个人想法和笔记进行反思回顾很重要,这样我们才能成为最好的自己。”

学生 8:“回顾整个专业发展模块的经历,我意识到这个课题是一次改变人生的经历。这个模块让我成为一个拥有人格魅力的、更优秀的人……尽管一开始有些困难,但随着时间的推移,会变得越来越好。这个模块显然给了我信心,我相信在完成了这个专业发展模块之后,我现在可以作为一名专业人士来管理自己。我已经确定了需要发展的领域,并且开始行动了。”

(5) 从反馈中可以看出,对许多学生来说,获得自信是最显著的成效。这反过来又促进了他们就业能力的提升和阈值的实现。

学生 9:“这个模块通过培养我的就业能力,帮助我在工作环境中从内向变得外向。我觉得我在这个模块中学习和培养的所有技能,都可以通过在我的实习阶段和未来工作生涯中的应用得到进一步发展。从这一刻起,我要依靠我所获得的技能来发展自己。”

学生 10:“当我最初了解课程的详细信息时,我非常紧张,因为我从来不认为自己是一个擅长小组方式、面对面面试等情境的人……然而,在回顾了我完成的每一项评估的反馈后,我意识到我的担忧毫无根据。这让我发现了自己的主要弱点,不是我的时间管理能力,不是我的商业意识水平,也不是我的微软软件技能,事实上是我的自信程度。这个模块使我树立信心,让我向自己证明,我可以在招聘过程中表现出色……它帮助我掌握了技能,成长为更好的自己。我发现和完善了自己的长处和弱点,我相信我未来的就业前景得到了改善。”

学生 11:“在开始这个模块之前,我缺乏自信,低估自己……总体来说,我在开始这个模块时的感觉是消极的,但是在完成评估、讲座和自己研究之后,我在就业方面对自己有了许多了解。通过反馈和自我评估,我确定了自己的优势,这个模块帮助我改正可以改进的弱点。总而言之,我在整个模块中都取得了很好的成绩,这有助于建立自信。”

学生 12:“我曾经从未考虑过雇主对我的期望,而是专注于获得好的学位。参与这个模块对我的职业素养是一次启发性的经历,我在这个模块中不断反思,认识到自己的优势和劣势。”

虽然没有对这一模块进行定量分析,但可能相关的是,参加这一模块的学生可以收集到两年就业数据中,即 2015—2016 学年和 2016—2017 学年,反馈就业状态的毕业生比例比 2014—2015 学年增长 4%(从 84%增加到 88%)。在缺乏进一步研究的情况下,我们不能声称这与模块的实施有关联。

14.13　讨论

14.13.1　构建就业能力

这些反思性陈述提供的证据表明,参与模块的经历帮助学生积极地培养他们的就业能力,而不是被动地去学习职场的概念。权威评估(Fook 和 Sidu,2010)被用作参考(Sambell 等,2013),而不是单一的衡量标准。这种与专家意见、反馈和反思相联系的拼图式评估,使学生在提升能力的基础上得到更好的发展。这与 Perkins(1999,P8)将建构主义描述为一个充满活力的发现过程、一个产生更深刻理解的过程是一致的。为了实现 Perkins 所描述的主动学习,教学活动试图让学生发现或重新发现主动学习的内涵,即以实践结果帮助学习理解。学生 5 的评论说明了这一点,他们讨论了如何利用反思来提高自己,从而完成了从多次被雇主拒绝到获得新工作机会的进步。

此外,学生 5 和学生 11 从雇主的拒绝和评估的反馈中学习,在这个过程中经历了阈限阶段。通过不断参与,如求职申请和简历改进,学生作为学习者进入这个阈限空间,促进他们掌握就业能力(Meyer 等,2006)。

14.13.2　达到阈值

这些陈述说明了实现就业能力理解阈值的变革性和不可逆的特征。理解雇主为什么看重各项能力需要综合考虑,可能是可以营造良好的工作氛围,因为就业能力的阈值是有限的。例如,雇主可能没有期望雇员具有某项技术专长,但他们可能需要有学习热情和对自己就业能力有信心的人。学生在陈述中强调了这一转变,学生 4 和学生 5,尤其是学生 10,他们在陈述中提到了对模块、教学和个人学习态度的转变。这些陈述也解释了与达到阈值相关的阈限概念。对学习者来说,理解的过程并非没有困难,如感觉"紧张"(学生 10)、"消极情绪"(学生 11)或"不安全感"(学生 12)等情况很常见,这些体现了 Meyer 等(2006)讨论的在阈限某一阶段会感到困惑的特征。学生在选择和拒绝这个模块、焦虑和有信心之间犹豫不决。因为阈限意味着一个周期的振荡,根据定义,一些学生直到学习过程的后期才会意识到这正是理解就业能力的阈值。

对于学生来说,这种新的认识可能在某种程度上是令人烦恼的。对许多雇主来说,能力展示和资历一样重要。一些大雇主明确表示,资历不是他们的主要招聘指标(Times Higher,2015);相反,能展现就业能力更重要。大多数学生从小就被灌输去相信教育的基本目的是获得尽可能高的分数。就像最后一名学生(学生 12)所说,"我的重点是获得一个好的学位",但正如学生 2 的评论:"我更加了解雇主希望从一个理想的求职者身上得到什么。"理解雇主的观点,并达到就业能力的阈值,需要将这些晦涩的知识融会贯通,这是自我实现和转变的一个重要部分。

14.13.3　自信的重要性

学生的反馈也表明,建构主义方法可以培养自信,这是达到就业能力阈值的一个重要要素。其他研究人员也提到了信心对于实现阈值的重要性。该模块帮助学生了解雇主的观点和要求,了解自己的发展,理解反思的重要性,获得信心,从而实现一个阈值。正如学生 8 所言,“我意识到这个课题是一次改变人生的经历。这个模块让我成为一个拥有人格魅力的更优秀的人……显然这个模块给了我自信。”Hawkins 和 Edwards(2013)讨论了学生在学习领导力时经历的“巨大困惑”阶段。这些困惑同样发生在就业能力阈值的实现过程。关键是,学生们必须清楚地了解雇主们所寻求的能力、为什么寻求,以及如何清晰地表达这些能力。这一阈值可以通过大量的工作申请、评估、面试或实际的就业经验来达到。发现如何有效地展现自己的能力对学生来说可能是茅塞顿开的。

用于评估的许多反馈中都提到了信心的增强。一旦学生掌握了自己拥有的技能和雇主要求的技能之间的联系,即一个综合的概念,他们就能想方设法提升自己该方面的就业能力。我们从许多学生身上看到的自信和毅力也是保持参与度的一个重要方面,Cranmer(2006)和 Tymon(2013)认为这正是在课程体系中发展就业能力相关举措中所缺乏的。这一点特别重要,正如我们在研究中所讨论的那样,它对积极的建构主义学习方法是有益的。

与 Tymon(2013)等的研究相反,本章认为高等教育能够并且应该通过课程引导帮助学生完成自我实现。这一点是通过相互协作的方法来实现的。要做到这一点,确实需要重新安排课程,如 Burch 等(2014)建议的那样,以最终目标(展现工作能力)为导向开展工作,然后通过设计多个评估来一步步倒推工作以实现最终目标。实质性的团队合作(包括雇主的参与)对于引导学生达到这一最终目标或阈值至关重要。这种方法成功地吸引了绝大多数学生。它还使那些少数未被吸引的学生中的核心人员改变了思维定式,使他们能够参与进来,认识到就业能力的重要性,以及这种能力如何适用于他们。总而言之,这比单纯依靠“传统的”课外辅导要有效得多。

14.14 结论

展示就业能力已成为英国高等教育政策的核心组成部分,高等教育机构已将提升就业能力列为其工作职责的重要内容。然而,能够展现就业技能的能力,现在通常被雇主称为工作能力,并不是平均分配的,而是与所享有的社会资源有一定关系(Villar 和 Albertin,2010)。学生有可以培养的能力,但可能不懂得如何做或如何表达。这是高等教育可以提供干预的地方,并且在某种程度上给予学生启发和引导。如果精心设计,高等教育可以帮助学生建立自己的就业能力,从而更广泛地丰富他们的教育经历。本文论证了将就业能力纳入课程的重要性,指导学生达到雇主期望的阈值,从而更有效地构建学生的就业能力。评估的使用,具体到拼图式评估方法(Winter 2003),在这个过程中是有价值的。

本文阐述了一个模块的设计和实施,该模块让学生认识到他们的工作能力,也被雇主广泛地用作招聘要求(Tomlinson,2012;Tymon,2013)。该模块已实施了五年,这种方法的有效性通过学生的反馈得到了印证。为了评估长期的影响,有必要进行进一步的纵向和定量研究。从参与模块学生的反馈中得出的最重要信息是,自信是展示工作能力和表明就业能力的基础,是实现就业阈值的关键。虽然社会资源对就业能力影响的重要性被广泛接受,但我们并未意识到情绪(Cousin,2006)和心理资本(Luthens,2007)在高等教育和就业能力之间的阈限空间对学生的重要性。Rattray(2016)阐明了这些问题,开拓了积极心理学的研究工作(Ivtzan 和 Lomas,2016),而本章中未涉及。

可以对高等教育就业能力的倡议进行进一步深入研究,并将此作为培养学生在课程中建立自信心的开端。

参考文献

第 14 章.docx

第 15 章

基准技能——在课程体系中构建软技能开发

Sue Beckingham

摘要：为使计算机科学专业的学生能够被更好地培养出就业能力和求职能力，考虑与其专业一致的技术类技能和雇主渴望学生具备的软技能同样重要。研究表明，计算机科学专业的学生将从培养软技能方面永久受益。本章考虑如何通过工作经历培养这些技能，包括基于工作的学习和与工作相关的学习；课堂活动和其他教学方法，如项目、调查和基于问题的学习；搭建软技能提高和反思性实践平台，以及学生在申请工作岗位时如何更自信地运用这些技能。

关键字：就业能力；软技能；基于问题的学习；反思性实践

15.1 引言

近年来，有新闻大量报道，毕业生没有为就业做好准备，因为他们不具备雇主要求的基本软技能。尽管计算机科学和信息技术相关学位毕业生人数有所增长，但失业率近年来仍高于10%(Shadbolt，2015)。有关计算机科学学位认证及毕业生就业的 Shadbolt 评论(Shadbolt Review，下称 Shadbolt 评论)发表于 2016 年。

本章参考了 Shadbolt 评论和其他研究中提出的建议，强调以下问题：雇主在寻找哪些特定技能；就如何在课程中有效整合软技能开发提供指导和建议；学生如何通过专业的在线方式，自信而有效地应用和展示这些技能。

15.2 就业能力

20 多年前，Dearing(1997)建议高等教育应注重“无论他们将来打算做什么”，都会是“毕业生未来成功的关键”核心能力。这些技能包括：沟通技巧、计算能力、信息技术、学习方法/个人发展规划、解决问题和团队合作能力。Leckey 和 McGuigan(1997)认为高等教育培养的通用技能与劳动力市场需要的技能之间存在差距。学生强在对专业知识和技能的掌握，但弱在对工作至关重要的可迁移知识的理解、工作技能和工作态度。他们引用了欧盟委员会(European Commission，1991)的观点，认为“当前毕业生技能短缺的一个特征是普遍缺乏重要的通用技能和社交技能，如质量保证技能、解决问题的能力、学习效率、灵活性和沟通技能”。

为了解影响个体就业的因素，Knight 和 Yorke(2004，P5)将就业能力定义为“一系列成就，包括：技能、理解和个人特征——这使个人更有可能就业，并在所选择的行业中取得成功，这对个体、劳动力状况、社区和经济都是有益的”。Cole 和 Tibby(2013)补充道，就业能力指“支持学生发展和培养一系列知识、技能、行为、属性和态度，这使他们不仅在就业方面，而且在生活中都取得成功”。

2016 年，受英国商务创新与技能部(BIS)委托，Shadbolt 评论发表。该部首要战略是支持和培养来自教育系统的科学和工程人才，来确保英国获得“推动经济增长，发展创新型、建设性和信息驱动型经济所需的技能和知识”(Shadbolt 2016)。为实现这一目标，必须使毕业生拥有的技能与雇主实际要求的技能相一致。因此，建议雇主和高等教育机构更密切合作。

Shadbolt 评论(2016)强调以下问题影响毕业生就业能力：软技能、特定领域的知识、特定的计算机编程技能或语言、商业意识、工作实践经验。

15.3 技能

最常用来描述技能的术语是软技能和硬技能。一般来说，硬技能往往指的是那些已经被测试或可被测试的技能，会被某些专业的技术或学术机构所认证，且可被量化。软技能是个体生活技能，往往更主观。但是也存在一些变化，如图 15.1 所示。

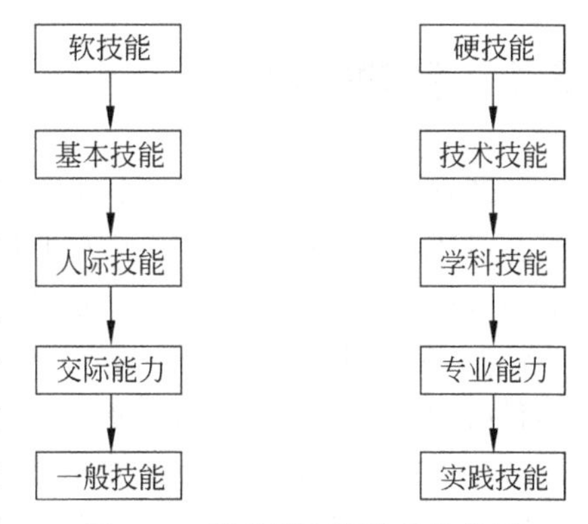

图 15.1 软技能和硬技能的范围

2004 年，正如 Dacre-Pool 和 Sewell(2007)所引用的，“提高就业能力教学法”(2004，P5)整理出以下被认为是雇主期望毕业生所拥有的技能：想象力(创造力)、适应性(灵活性)、学习意愿、独立工作(自主能力)、团队合作、管理能力、抗压能力、良好的口头表达、各种受众的书面沟通、计算能力、注重细节、时间管理、承担责任和决策，以及计划、协调与组织能力。Lowden 等(2011，P12)对雇主进行了一系列的访谈，了解到特定职位对技能和知识的不同需求(包括技术技能)。然而，所有人都认为以下可转移技能最相关：团队合作、解决问题、自我管理、业务知识、与岗位相关的读写和计算能力、信息通用技术知识、良好的人际沟通能力、自主性强并遵照指示行事的能力。

英国就业和技能委员会(UK Commission for Employment and Skills，UKCES)是一个由政府资助、行业主导的组织，为全英国雇主的技能和人员就业问题提供指导。该委员会定期进行“雇主技能调查”，其 2015 年报告指出技能可分为两类：“群体和个体技能”和“技术与实践技能”(UKCES，2015a)。

Hawkins(1999)将软技能分为三组：人际技能、自主能力和通用技能，他随后添加了第四组：技术技能。人际技能包括团队合作、领导力、人际交往技巧和客户导向。自主技能包括自我意识、自信、自我提升、主动性、社交、学习意愿和行动规划能力。通用技能包括解决问题的能力、IT 及计算机能力、灵活性、计算能力、商业意识等(Hawkins,1999)。

Kaplan 教育集团(Pedley-Smith,2014)发表了一份关于毕业生招聘、学习和发展的白皮书,其中一项调查编制了一份学生能力素质清单。这些被归类为知识(如算术、识字、技术知识)、技能(如有效沟通、分析、解决问题)和态度(如团队精神、自信、积极的心态)。Thurner 等(2012)根据咨询软件公司(毕业生的潜在雇主)的调查成果,以确定雇主所期望毕业生拥有的技能,并将其归类为自我能力(例如对建设性批评的开放度,终身学习)、实践与认知能力(如分析性思维、勤勉认真的工作作风)和社交能力(例如对他人的同理心和理解,在团队中工作和合作的能力)。

世界经济论坛(World Economic Forum,WEF)报告中(2016: 21)将核心工作技能分为能力、基本技能和跨职能技能。在这些分组中包含有下列子技能: 能力(认知能力和体能)、基本技能(知识技能和过程技能)、跨职能技能(社交技能、系统技能、复杂问题解决技能、资源管理技能和技术技能)。

值得关注的一个方面是,毕业生是否有能力识别和证明至关重要的软技能。能够清晰地表达可迁移技能,如用实例解决问题,需要学生编制一系列实例,增强自我推销的信心(Shadbolt,2016)。毕业生似乎存在一个难以解决的问题: 能否提供一个明确的实例,说明某项技能何时以及如何在真实情况下得到应用。然而,考虑到描述技能的复杂性,学生和教育工作者努力想知道他们应该关注哪些技能,以及用什么语言来描述这些技能,这一点不足为奇。

15.4 技能差距

清楚地了解雇主需要什么样的关键技能是需要面临的一个重要问题。英国就业和技能委员会(UKCES,2015b)引用了工业和高等教育理事会(Council for Industry and Higher Education,CIHE,2010)的说法,强调"个体拥有技术、商业、创新和人际交往技能'融合'的重要性"。美国计算机协会(Association for Computing Machinery,ACM)指出,每个计算机学科必须"阐明自己的特性,承认其他学科的特性,并为计算机技术的共享特性做出贡献"(ACM,2005)。除了具备计算机科学的基础知识,Burgess 报告(2007)还强调软技能或工作准备技能的重要性。英国工商业联合会(CBI)的报告(2017)中提到,与工作相关的态度、沟通、团队合作和积极的工作态度,对个体打开职业发展的大门至关重要。

因此对学生而言,重要的是不仅要建立和发展软技能,而且还需要将这些技能以及获得的知识运用到具体的商务情境中。学生事务署(Office of Students,2018)作为一家英格兰高等教育的独立监管机构,其战略明确指出,学生能够进入职场或继续深造是高等教育实践的成果。英国大学联盟(Universities UK,2016)认为,"虽然学位可能是获得工作职位的基本要求,但求职者展现出能够带到职场的技能和能力,将使他们从同期毕业生中脱颖而出。"

UKCES"雇主技能调查"(2015a)报告中认为,有必要了解哪些技能供应不足,哪些技能职场缺乏。参加调查的雇主分别从上述两组技能描述列表中选择了: 人际和个人技能、技术和实践技能。

某种程度上,这些分组可能会使问题复杂化。例如,演讲或陈述属于人际和个人技能,而基本的数字技能和写作指导、报告等则体现在技术和实践技能之中。如果用沟通技能来描述某种典型的软技能，就会存在交叉与重叠。除此之外，它还指出了技能差距和需要多加关注的领域。

2017年第十届CBI教育和技能调查（与Pearson即培生集团进行合作）收到了340家英国机构的反馈。这项研究发现了一套类似的技能。技能特别薄弱的方面包括国际文化意识（39%），业务和客户意识（40%），态度/行为如适应性和自我管理（32%）（CBI，2017）。此外，证明自己具有韧性、态度和信心等个人素质，与软技能密不可分，因此也很重要（Fincher & Finlay，2016）。

未来的技能需求更难预测。平均而言，到2020年，大多数职业所需的核心技能中，超过三分之一将由目前尚未被认为对工作至关重要的技能组成（世界经济论坛，2016）。

在计算机科学教授和计算机主管理事会（Council of Professors and Heads of Computing，CPHC/HEA，2015）关于计算机毕业生就业能力报告（Computing Graduate Employability）中，提到了一位受邀雇主对于学生的期望，那些以一等学位或二等一类学位毕业的学生具备学习的主观能动性，因此可以教会他们所需的任何额外技术技能。然而，雇主不能教授的是软技能。

Shadbolt评论中的受访雇主表示，虽然需要一系列的软技能，但沟通和项目管理技能更加重要。雇主们称这些技能“对于团队合作、发展良好的工作关系和积极促进雇主的战略愿景至关重要”（Shadbolt，2016）。有趣的是，与20年前Leckey和McGuigan（1997）的发现类似，他们提到“个体可转移技能”的重要性，并将这些技能归类为沟通技能、分析和解决问题、互动技能、主动性和效率。

总体而言，有证据表明，学生可以从真实的工作经历中受益，理想情况是，一个组织为他们提供发展这些软技能和特别重要沟通的机会，因为这是一项基本的整体技能，将使学生能够在随后的工作面试中展示他们拥有的一系列技能和经验。能够沟通显然是一项至关重要的技能，但要达到自信的程度，则需要发展、实践和不断反思。

15.5　工作经验

Shadbolt评论（2016）的主要建议之一是扩展和提升工作经验。实习实训可以提供丰富的机会来应用知识和现有技能，发展新技能。这种真实的工作经历提供了一种学习情境（Pegg等，2012）。该报告还建议，国家大学和商业中心（National Centre for Universities and Business，NCUB）、计算机教授和计算机主管理事会（Council for Professors and Heads of Computing，CPHC）和全国学生联合会（National Union of Students，NUS）应密切合作，以了解计算机科学专业学生在获得工作经验时面临的障碍。

那些有过实习经历（或有其他工作经历）的学生和一毕业就被雇用的学生之间存在相关性。因此，鼓励学生，使他们做好准备，确保他们在职位申请时尽可能保持最佳状态，非常重要。不过，“工作意识”也很重要。这就是雇主期望新员工“有效认知工作世界……对市场的感觉，以及世界上正在发生的事情”（Bennet等，2000）。

工作经验指的是基于工作的学习（在工作场所）或与工作相关的学习（工作场所和学习空间，以及模拟空间）。基于工作的学习（Work-based learning，WBL）是用来描述这一类大学课程，它将高等院校和雇主结合在一起，在工作场所创造新的学习机会（Strachan等，

2011)。英国儿童、学校和家庭部(Department for Children, Schools and Families, DCSF, 2009)将与工作相关的学习定义为:"利用工作环境发展对工作有用的知识、技能和理解的计划性活动,包括通过工作经验学习、通过有关工作内容和工作实践知识学习,以及学习工作所需技能。"进一步可以描述为:通过培养创业技能和就业能力(例如,解决问题的活动、工作模拟和模拟面试)来进行工作学习;通过提供机会增进知识、了解工作和企业(例如职业教育)来进行工作学习;通过提供机会让年轻人学习直接工作经验(如工作经验或创业活动)。

工作经历可以有偿也可以无偿。在与专业密切相关的公司中,工作提供了发展技能的最大机会。然而,兼职工作、志愿服务和课外活动也可以发展技能,因为这些可迁移技能同样得到了发展。Wilson(2012)指出,除了所学习的课程(项目),个人技能的发展是"社会和家庭背景、学习环境和学生课外活动的综合结果"。这也包括志愿服务、社区工作或与学位课程无关的兼职工作,如表15.1所示。

表 15.1 技能发展机会

技能发展实例	说 明
"三明治"实习	长达一年的行业实习,通常在第三年或最后一年
学期实习	短期实习,可以少至一周一天
工作观摩	感受工作环境
暑期实习	在暑假实习,包括在国外工作
兼职工作	通常与专业课程无关
课程和大学计划	竞赛,学生领导的会议,学生作为研究人员的项目
志愿服务	慈善机构、计算机俱乐部、同伴互助学习计划、课程代表和其他大学社团组织
课外活动	俱乐部、社团、特殊兴趣小组

跨相关专业与工作相关的学习可以提供双向学习机会。例如,一项机构主导的实习倡议为护理专业的学生提供一个信息技术(IT)服务台。护理专业学生获得了IT技能,计算机专业学生则获得了促进他们沟通技能提高的反馈。同伴互助学习计划(Peer Assisted Learning, PAL)有助于培养学生的领导力、沟通技能和职业辅导技能,学生可据此指导较低年级的学生。

15.6 提升工作经验的机会

成立一个将计算机科学学者与企业专业人员联系起来的行业咨询委员会,可以开辟一个论坛,讨论工作和职位设置,申请这类职位所需的准备,为毕业生将来的就业建立联系(Universities UK 和 UKCES, 2014; UKCES, 2015b)。与企业界的合作还可以为客座讲座、行业访问和项目合作提供机会。实习学生通常会把最后一年的毕业设计或论文的主题与他们实习企业结合起来。雇主参与包括邀请雇主提供信息、建议和指导,为课程设置提供研究案例或工作方案(University Alliance, 2015)。

Cole 和 Tibby(2013)提出的"定义和发展就业能力"是一个有效的规划工具,并为课程设置团队提供行动计划，包括以下四个阶段。

① 讨论和思考——创建和定义一个基准点。

② 回顾（汇总）信息——我们在做什么（或不做什么）？

③ 行动——我们如何分享和加强现有做法？我们如何解决不足？

④ 评估——成功包括哪些，如何衡量？我们如何进一步加强实践？

跨机构的学术访问，在机构间建立实践社区，以讨论和分享有关就业能力和技能发展的经验，可获得诸多益处。2016—2017 年度，由计算机教授和计算机主管理事会（Council of Professors and Heads of Computing，CPHC）资助开展了一项以就业能力为重点的活动，名为 GECCO，旨在建立一个计算机专业毕业生就业社区。伦敦、曼彻斯特和爱丁堡分别举办了三场相关竞赛活动。该活动评审报告（CPHC，2017）分享了参与者考虑的重要指标：

① 时空共享和实践探讨；

② 实践者之间关于想法和反思的讨论；

③ 网络（提及三次）；

④ 交流想法并建立新联系；

⑤ 联系人（我们不是孤立的个体）；

⑥ 其他机构的新联系人；

⑦ 社交机会；

⑧ 与同行谈论整个行业的就业能力。

维护校友关系网络是关键，因为当学生毕业并与母校保持联系时，他们更愿意让导师知道他们公司的工作机会和实习机会。同样，学术人员也可与毕业生保持联系，邀请毕业生回来演讲，鼓励现有学生参加为期一年的实习，开展课外活动，并阐述这些活动如何培养雇主所寻求的技能。利用领英（LinkedIn，被认为是“职业”网络）创建课程校友小组，以提供一个与毕业生保持联系并跟踪他们职业发展的有效方式。鼓励学生加入行业团体并关注公司网页，可深入了解组织的内部文化及其专长。

15.7 软技能教学方式

讲授软技能具有挑战性。一些计算机专业课程有专门的独立软技能模块，专注于专业性和沟通。虽然它与雇主所认为的重要技能相一致，但学生们并不总是重视这一模块。对一些计算机课程而言，它被视为课程之外的独立课程，包含学生认为已经能够胜任的活动。对这种方法的批评表明，计算机专业的学生学习的课程中，教学方式并没有被充分的语境化。

Knight 和 Yorke（2004）指出以下方法可将就业技能发展纳入课程：贯穿整个课程的就业能力；核心课程中的就业能力；基于工作的学习或与工作相关的学习；课程中与就业能力相关的模块；与课程并行的基于工作或与工作相关的学习。

英国计算机学会（British Computer Society，BCS）的最佳实践模型权衡了计算机领域中的法律、社会、伦理和专业问题（LSEPI）。Healey（2014）认为，提供解决伦理道德问题的机会可以帮助学生发展批判性思维技能。与提供通用示例相比，将这些问题的现有实例与特定计算机课程联系在一起，对学生更有吸引力。基于探究的学习方法可以为学生提供研究范例，然后将活动与实践联系起来，从而确定他们由此获得的技能。英国计算机学会在更大范围内整理计算机科学案例研究，并采用有效方法将LSEPI嵌入课程设置中；英国计算机学会与毕业生招聘协会(Association of Graduate Recruiters，AGR)和毕业生职业咨询服务协会(Association of Graduate Careers Advisory Services，AGCAS)一起，在课程体系中开发职业咨询认证模式(Shadbolt，2016)。

顶点(Capstone)课程或服务学习模块是一个备选方案。学生可以通过这种方法进行基于项目的学习，并有目的地整合关键技能，如书面和口头沟通、团队合作和组织技能(Carter，2011)。模拟数据以及学生进行客户角色扮演，可为项目设置具体场景(Vogler 等，2017)。在某些情况下，真实业务会参与其中，提供与工作相关的宝贵学习经验。通过与客户面对面、在线、电话、电子邮件、演示和最终报告等形式，学生的沟通技能与开展、完成工作项目所需的其他技能可得到展示。在参与真实业务时，学生将体验客户管理工作，满足客户期望和管理潜在冲突等(González Morales 等，2011)。Jackson(2014)提出与工作相结合的学习方式以及服务性学习的机会，学生通过参与有益于社区的真正活动来运用他们的职业技能，从而跨越学科界限。Hazzan 和 Har-Shai(2014)要求学生思考公司、特定部门或项目生命周期中的一个阶段，并描述所需的职业技能。Yu 和 Adaikkalavan(2016)阐述了问题导向式学习的价值所在，该学习方式给予管理者时间来指导学生并评估其成果。

另一种方式是让学生参与软技能发展相关的课程规划。这可以通过探询学生意在课程中发展何种技能，邀请他们建议或参与课程设计，从而发展这些技能来实现。通过卡片式分类活动，学生可以参与一项活动来对技能进行排序，如团体活动——确定雇主最看重的技能；个体活动——确定他们最自信/不自信的技能；小组活动——设计活动来发展技能；个体活动——阐明什么是软技能及其价值所在。

创新性的软技能教授方式可运用建构主义理念(Papert 和 Harel，1991)，采用“乐高认真玩”(LSP)方式，让学生参与讨论，主题如高效率团队的阻碍和促进因素、技能发展等。学生用积木来隐喻表达，并在此基础上分享他们的故事。这为学生提供非受迫式表达自我并相互学习的有效方式(Peabody and Noyes，2017)。

所有这些活动的关键是帮助学生认知并阐明他们正在发展的技能。通常学生缺少的是可获取有价值信息资料的能力。

15.8 个体发展规划

个体发展规划(Personal Development Planning，PDP)的整合是进行反思性实践的有效途径。英国高等教育质量监管署(The Quality Assurance Agency for Higher Education，QAA，2009)将个体发展规划定义为“学习者为反思自己的学习、表现及成就，并对个人、教育和职业发展制定结构化和支持性计划的过程”。此外，QAA 声明 PDP 强调支持终身学习和全面学习。要实现技能提升，需要从个体所掌握的技能状况中了解自身的优势和劣势(Wilson，2012)。

2004 年 Burgess 报告以“衡量和记录学生成就”为题，在提倡实施个人发展规划的同时，后续工作应确保研究涉及的实际方法和结果评估最有效。2007 年，在 Burgess 集团的最终报告——跨荣誉学位分类(Beyond the honours degree classification)中，引入了高等教育成就报告（Higher Education Achievement Report，HEAR）。高等教育成就报告（HEAR，2008）“旨在鼓励采用更复杂而精准的方法来记录学生成就，这充分肯定了英国高等教育机构向学生（技能学习）提供的各种机会”。

在学生学术成绩单之外，建议学生提供给雇主一份额外的报告，证明其在大学获得哪些额外技能，从而形成学生的一份更全面的成绩记录。例如，HEAR（2008）建议的额外获奖状况——在主要学位课程之外，在非学术范畴或个体选修单元模块学习中获得的可认可成绩；其他可认可的活动——学生在所承担的角色和所从事的活动中，有成就但未获得学术学分的认可，例如志愿服务、学生会代表、代表国家从事的体育活动或参与国内的体育培训课程等；来自于学校、院系以及职场的奖励。

另一种记录个体技能发展成就的方法是借助“进度档案”。它可以为学生提供记录、反思以及回顾所获得的技能和经验，这些技能和经验往往来自课程、工作相关的学习、基于工作的学习以及临时的或志愿者工作。在此过程中，他们将从表达和证明自己所获技能知识中建立自信（QAA，2001）。在Pegg等学者（2012）的一项案例研究中，Waldock倡导大学为学生建立每周电子进度档案，从而使学生提高课程参与度，通过定期反馈认可支持性的学习方式，并向教职员工提供定期的教学反馈。

个体发展规划（PDP）既被视为一系列过程，也被视为一个有价值的产品集合。在这种集合中，学生需要回顾成绩，确定学习需求，计划如何满足这些需求，并展示成就（Knight和Yorke，2004）。然而，为实现这一目标，引导和支持学生十分重要（Beard，2018）。同时，对个体发展规划的反思也需要实践和鼓励。为了从表面反思和可接受的思考转向深层反思和问题思考，学生需要学会如何有效地进行自我分析，实现自觉。学生们需要重视过程和结果（Carter，2011）。一些学生只做表面功夫，并不会做深层次的反思和思考。Fung（2017）倡导将研究型教学法和探究式教学法结合起来，在这种教学模式下，学生活动参与度和相关技能会日益提高。

Dacre-Pool和Sewell（2007）创立了“提升就业能力的钥匙”这一隐喻模型（Career，Experience，Degree，Generic，and Emotional，CareerEDGE）。该就业能力发展计划旨在通过反思和评估，提高自我效能、自信和自尊水平。CareerEDGE是该模型五个组成部分的助记符，即职业发展学习、经验（工作和生活）、学位知识（理解能力和技能）、通用技能、情商。

成就记录中心是一个全国性的网络组织，也是一个注册慈善团体，旨在“提高人们对记录成就和行动规划过程的认识，并将其作为一个在教育、培训和就业领域改善学习与进步的重要因素”。该机构可提供一系列有用的案例研究和持续职业发展机会（Continuing Professional Development，CPD）。

15.9　构建反思性教学实践框架

学习如何反思经验并形成习惯是一项重要的人生技能。这会对学习产生深远影响。Boud等（1985）将经验转化为学习的过程分为是什么（经历阶段）、怎么样（反省阶段）、现状如何（学习阶段）三个阶段。培养反思技能可帮助个体学会如何学习（Helyer，2015）。

大量文献在引入支持个体发展规划（PDP）的概念和教学法。作为实践者，我们知道个体发展规划（PDP）对我们自身的持续职业发展（CPD）很有价值。但是很明显，对许多学生来说，有效进行反思并不容易。障碍之一是找到一种语言来表达需要讲述的内容。“空画布综合征”很普遍，学生们声称：“我不知道该写些什么！”

人们倾向于简单记下“我做了什么”，而不是考虑其他可能采取的做法，哪些是学过的，哪些领域的发展是需要的，以及对已发展技能的认知。因此，构建反思性过程框架是有益的。操作的过程首先是解释反思的含义，然后举例说明在学术界外是如何反思的。

反思是体育运动中的常见做法，在比赛之后，运动员将回顾他们的表现。体育反思性实践是从形式上和从错误中吸取教训。在军事上，每次军事行动期间或之后立即开展行动后评估(After-Action Reviews，AAR)。军事研究人员使用开放式问题，总结优势和劣势，并将行动成果与平时的训练联系起来。这些因素包括：我们打算做什么，实际发生了什么，为什么会发生这种情况，以及下次我们将怎么做。

在计算机应用情境中，自20世纪90年代以来，一直使用Scrum敏捷项目管理。Schwaber和Sutherland(2017)将Scrum定义为“可以解决复杂的适应性问题的框架，同时高效且创造性地交付尽可能高价值的产品”。Scrum规定了四个阶段，以便进行项目检查和调整。

(1) 冲刺计划：为需加速完成的项目指定冲刺计划，该计划由整个Scrum团队协作完成。

(2) 每日Scrum：这是针对开发团队设置的15分钟时间框架事件，在项目冲刺的每一天都举行，开发团队规划接下来的24小时将完成的工作。

(3) 冲刺检查：这是一次非正式会议，而不是常规会议，项目进展陈述旨在获得反馈并促进协作。

(4) 冲刺回顾：这是Scrum团队一个自我检查并创建改进计划的机会，以便在下一个冲刺项目中实施。

虽然语言上不同，但团队“自我检查”的概念与反思的含义一致。邀请专业人士讲述他们如何在自己的组织环境中使用Scrum非常有价值。

从事反思性练习时，与其要求学生去写出200～300个反思性词语，不如提供辅助备忘录以引导学生，这可能是一种非常有帮助的方法。Gibb(1988)提出“反思循环”，从描述起因开始，然后考虑感受、评估、分析、结论和行动计划，有效为每个反思阶段提供提示性建议。这些提示性建议以检查表的形式呈现，鼓励学生在超出实践之外进行反思，使他们开始意识到自己正在培养的技能，并关注需要进一步提升的技能。此外，他们还可以在真实的场景中将技能情景化，这些场景提供示例，以向他们展示如何应用技能。

(1) 描述：发生了什么？

首先详细描述你要反思的活动。包括你和谁在一起，你在哪里，你做、读、看到了什么，你的责任是什么？你做出了什么贡献？其他人做出了什么贡献？结果是什么？

(2) 感受：你在想什么，有什么感觉？

现在考虑一下你在想什么。记录你在活动开始时的感受。当你完成后感觉如何？现在感觉如何？你的感觉改变了吗？思考别人给你的感觉。

(3) 评价：这次经历有什么益处和坏处？

这一步是评估你的体验。想想哪些事情进展顺利，哪些进展没有达到预期。记录每个阶段的积极和消极方面。有什么困难吗？什么(或谁)有(或没有)帮助？

(4) 分析：你能理解这种情况吗？

仔细看看为什么你认为各方面进展得顺利或不顺利。是什么促使事情进展顺利？哪里出了问题,想想是如何发生的。思考你的贡献和别人的贡献。与其他经历相比如何?

(5) 结论:你还能完成别的吗?

现在你需要考虑从你的经历中学到了什么。重要的是对自己要诚实,并考虑如何用不同的方式做任何事情。你从别人的方法或行为中学到了什么吗?

(6) 行动计划:如果它再次发生,你会怎么做?

最后,如果你发现自己又在做这个项目或类似的活动,你会怎么做?做起来有什么不同?想想你需要提高的技能,以确保下次做得更好。计划你将如何以及何时发展这些技能。

需要进一步考虑的是鼓励学生探索各种方法促使他们反思。例如,具有多媒体功能的博客,包含文本,也可以包含照片、音频和视频、素描笔记和思维导图。又如,学生们分组学习,为一场比赛编写乐高头脑风暴(Lego Mindstorm)程序,他们可以将数学计算拍成一张照片,以及把机器人的动作拍成视频。视觉效果可以帮助回忆,并为反思活动提供一个焦点。

15.10 助力软技能衔接

学生要珍惜在大学期间所经历的各种活动机会(Knight 和 Yorke,2004),并学会如何自信地运用自己所培养的技能;能够清晰地表现这些能力;也要意识到自己技能培养的薄弱之处,并了解如何制定行动计划来克服这些技能上的弱点。

与反思性写作一样,找到合适的词汇来展示技能也是一项挑战。Hawkins(1999)提出了一个"技能组合"的概念,包含了对列出的各项技能进行描述的形容词集合。向学生提供这样的组合清单,可提示他们意识到从而培养他们自己的技能组合。例如团队合作:支持性、引导性、有组织性、协调性、交付者、想象力丰富型、授权者。再如,思想开放或乐于学习:积极、适应性强、热情、主动、善于学习、好奇心、持续不断的改进(Hawkins,1999)。

这也可发展成一个小组活动,学生们需在小组中找出描述某项技能的相关形容词,在班级内进行分享和评论。这些活动可以与 Hawkins(1999)的技能组合相比较。

15.11 同伴支持

通过同伴协助的学习和指导计划,学生可以从同伴那里学习技能,提升自我价值。作为导师的学生可以培养领导力、沟通和指导技能,作为参与者的学生可以培养一系列在所参与活动影响下形成的技能(Pegg 等,2012)。

另一种有用的方法是邀请目前正在实习的学生、实习结束处在最后一年的学生或经历过实习的毕业生,参加小组或个人的速配谈话或海报展示,以强调实习所需技能以及实习培养出来的技能。

15.12 就业服务

许多大学内部都设有就业部门。该领域的工作人员可以为学生提供一对一的个人支持或小组活动,进一步帮助他们为实习和毕业后的工作做准备。如工作申请,技能、竞争力、属性;简历和求职信,技能和 STAR 陈述、技术技能;面试,电话面试、Skype 视频面试、面对面的面试;评估中心,小组练习、角色扮演;测试,心理测试、数据测试、公文筐测试(任务小组)。

通过参与这些模拟活动,学生可以运用他们所掌握的技能,并展示这些技能以获得反馈。这一功能的强化有赖于辅导计划、学术顾问、私人导师、就业能力顾问和伙伴(同伴协作学习)计划的支持。

其他的课堂活动可以帮助学生不断加强演讲技巧。这可能包括使用 PPT(或类似形式)、信息图表海报、交互式数字海报或屏幕播放。

15.13 记录技能

描述任一技能的有效方法是为每项技能开发一个 STAR 语句,在该语句中,场景(方案)考虑四个要素:情景、任务、行动和结果。使用图 15.2 中的模板,选择一项特定技能,然后举例验证它在何处应用。这使我们可以通过一些进展顺利或不顺利的例子来进行反思。我们有机会从进一步反思中汲取教训,并且考虑下次可能采取的不同做法。例如,面试问题可以是"描述你在一个团队中工作,但事情没有按计划进行的情况"。

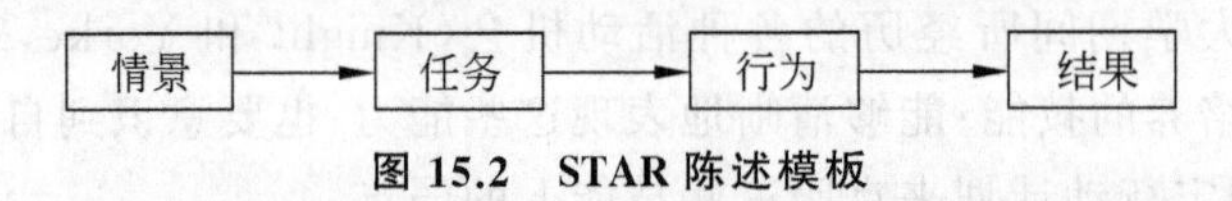

图 15.2 STAR 陈述模板

Hawkins(1999)开展了一项活动,记录在任意类型的工作经历中承担的任务和获得的技能。这些工作经历包括全职工作、志愿服务、兼职工作和社区活动。该活动的目标是列出在所担任的角色中执行的所有相关任务,然后在每项任务下发展了哪些技能。为进一步提高处理问题的能力,可以从以下四个方面来考量:处理数据和信息、与人合作、处理实际问题和工作构思。每个角色都可重复此项活动。结果表明,从广义角度而言,每个人都拥有广泛的技能。

15.14 展示技能

除传统简历外,申请工作或实习的学生可以以职业的网络在线方式展示他们的成就和技能,并从中获益。这可以通过在领英(LinkedIn)上创建个人账户来实现,领英既是一个专业的社交网站,也是招聘人员、寻找人才的工具。此外,博客、维基百科、网站或电子作品集,也可提供分享技能、成就和工作经验的平台(见图 15.3)。如果学生能够意识到职业的电子作品集的作用(Barrett,2005),其技能展示参与度将会提高。明确的技能展示可以帮助潜在雇主发现该学生更多的信息。这很容易通过使用超链接方式交叉引用到在线平台来实现。

学生需拥有这些平台的所有权,并重视公开展示的内容。雇主和招聘顾问通常使用谷歌等搜索引擎来筛选求职者。在社交媒体上公开留下的足迹可以对个人产生正面或负面的影响。因此,建档并拥有个人资料非常重要。在搜索引擎中检索自己非常有效。它不仅可以帮助用户查看其他人可能看到自己的内容,还可以及时提示用户重新访问自己的社交媒体档案,检查那些不打算公开的信息以及自己的隐私设置,整理公开的个人资料。

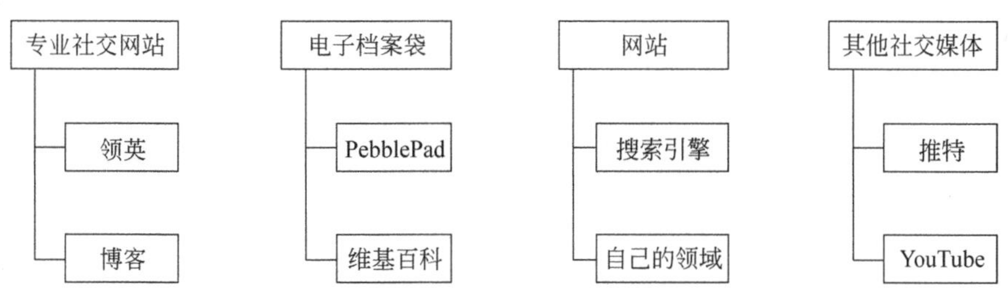

图 15.3　捕捉反思和展示学习的工具示例

现在,数以亿计的职场人士在领英上注册个人信息,添加自己的教育背景、技能和就业信息。如前所述,雇主会积极使用领英寻找潜在求职者。考虑雇主们可能使用哪些搜索关键词是另一项有用处的活动,这些关键字会包括实习或毕业。如果这些关键词包含在信息标题中,就可以增加被检索到的机会,例如,“正在找工作的计算机科学学士学位的毕业生”。在个人资料中添加个人技能,附有个人优势的清晰描述,都会更容易被发现。

专业的在线自我介绍可以通过如下多种方式来实现:

(1) 电子邮件签名档中添加领英页面、博客的网址;

(2) 商务名片,将链接转换成二维码;

(3) 纸质简历,现在很常见的是在简历开始包含领英链接、电子邮箱和电话号码;

(4) 社交媒体,任何电子文件的链接都可以通过推特和领英分享。

软技能的范围被视为一个雷区。但是与行业建立合作伙伴关系有助凸显所需的工作技能,这在不同的专业领域内有所不同,并且可能随着时间的推移而改变所需的优先技能。至关重要的是,毕业生的技能必须符合雇主的期望和需求。在求职和面试时,自信地表达和沟通的能力是各项技能的基础。学生参加工作后,其各项技能会得到极大提升。

参考文献

第 15 章.docx